100 things you should know about

你一定要知道的

100个

地球奥秘

PLANET EARTH

中央编译出版社

目 录

Contents

快速运行的球状天体

The speedy space ball

1 地球是一个巨型岩石星球，以将近每秒3000米的速度在宇宙中运行。地球重60万亿亿吨，表面三分之二的部分都被水覆盖着。这些水便是海洋，未被海洋覆盖的部分是陆地。大气从地球表面一直延伸到700千米的高空，包围着我们的地球，再向外便是太空。

地球从何而来 Where did Earth come from?

2 太空中的一团云逐渐形成了我们的地球。科学家们推测，在大约45亿年前，一团由气体和尘埃组成的巨大云团演变成了地球。一颗紧邻云团的恒星发生爆炸，使云团旋转起来。随着云团不断旋转，气体在其中心聚集，形成了太阳。尘埃在太阳周围高速运行并聚集成无数的岩石块，它们不断互相碰撞形成行星，地球便是其中之一。

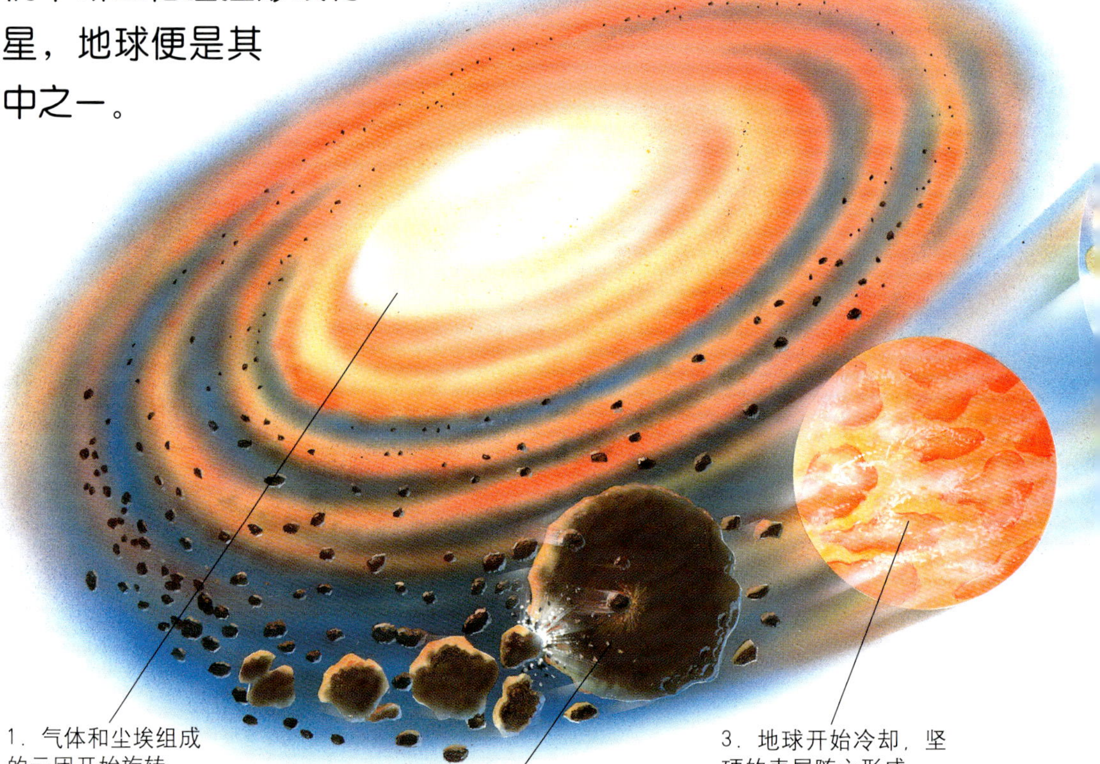

1. 气体和尘埃组成的云团开始旋转

2. 不断聚集的尘埃形成岩石块，岩石块又形成了小行星

3. 地球开始冷却，坚硬的表层随之形成

◄ 衰老的恒星发生爆炸或不再继续闪耀，其残余物质形成气体尘埃云。新的恒星和他们的行星便在这些气体尘埃云中形成。

5. 地球上曾经只有一块巨大的陆地，如今它早已分裂成了七块，即七大洲

4. 火山爆发释放出的气体形成了地球上最初的大气层

难以置信！

数以百万的岩石在太空高速运行并撞击地球，一些体积较大的则作为陨石坠落到地面上。

PLANET EARTH
地球从何而来

Where did Earth come from?

3 地球最初非常热。岩石在一起相互碰撞使温度升高。后来，当地球形成时，其内部的岩石熔化成了液态。新生的地球就是一个被薄薄的硬壳包裹的熔岩球。

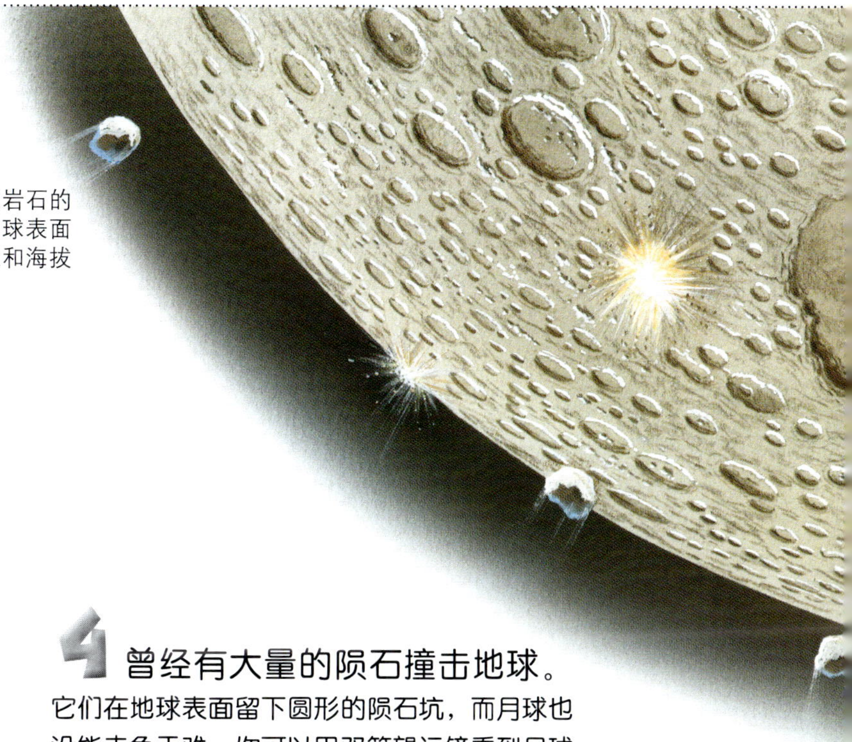

▶ 月球同样遭受了太空岩石的袭击，这些岩石在月球表面留下了巨大的陨石坑和海拔5000多米的山脉。

4 曾经有大量的陨石撞击地球。它们在地球表面留下圆形的陨石坑，而月球也没能幸免于难。你可以用双筒望远镜看到月球在很久以前形成的陨石坑。

5 随着地球冷却下来，海洋逐渐形成。水蒸气、岩石和各种气体在火山爆发时从地球内部喷射出来。随着地球逐渐降温，水蒸气变成水滴凝结成了云。由于地球温度继续降低，雨便从云中降落下来。雨一直持续了几百万年，雨水汇集成了海洋。

◀ 喷发的火山和猛烈的暴风雨促使大气和海洋形成，也为地球生命的诞生提供了能量。

地球自转 In a spin

◀ 如果你在太空中从侧面观察地球，会发现它是自西向东旋转的。如果从北极往下看，地球则是逆时针旋转。

正午

傍晚

6 地球就像一个旋转着的巨大陀螺。因为起源于一团旋转着的气体尘埃云，所以地球也总是一刻不停地转动着。但和竖直旋转的陀螺不同，地球是偏向一侧倾斜着旋转。地球自转一周的时间是24小时，我们把这个周期称为一天。

7 日夜交替是因为地球自转。每一天，地球的每个部分都会依次转向太阳，然后再逐渐转离。面向太阳的部分是白天；而背离的部分是黑夜。现在，你那里是面向太阳还是背离太阳？

◀ 地球上面向太阳的部分是白天，背离太阳的部分是黑夜。

早晨

夜晚

PLANET EARTH
地球自转 In a spin

8 旋转着的地球像一块磁铁。地球的中心是液态的铁。地球自转使铁水就像一块有南北两极的磁铁。它对指南针的磁石产生影响，使指南针的指针指向南极和北极。

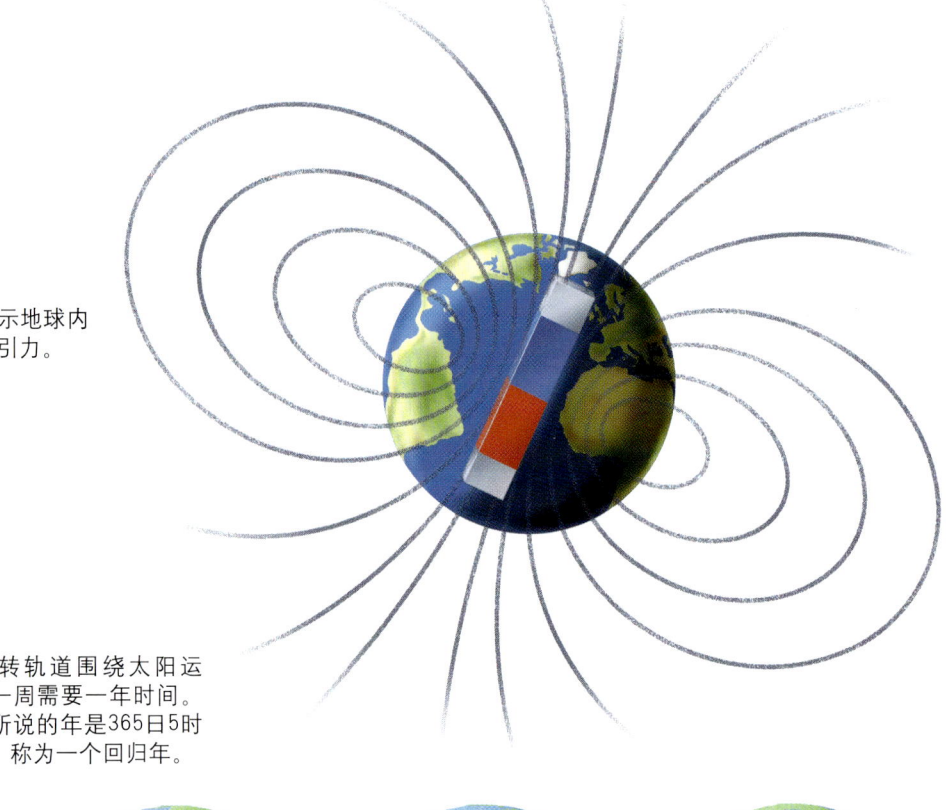

▶ 这些线条表示地球内部磁体的牵引力。

▼ 地球沿公转轨道围绕太阳运行。公转一周需要一年时间。天文学上所说的年是365日5时48分46秒，称为一个回归年。

制作指南针

你需要：

一碗水　　　　　一块木头

一块条形磁铁　　一个真正的指南针

将承载着磁铁的木头放到水面上，要记住木块不能碰到碗边，再将真正的指南针放在一个平坦的地方。待木头静止不动后，磁铁所指的方向应该与指南针的指向一致，即南北两极的方向。

9 地球围绕两极自转。地球围绕其表面的两点旋转。它们位于地球的两端：顶端的是北极；底端的是南极。南北两极都被冰雪覆盖着，温度极低。

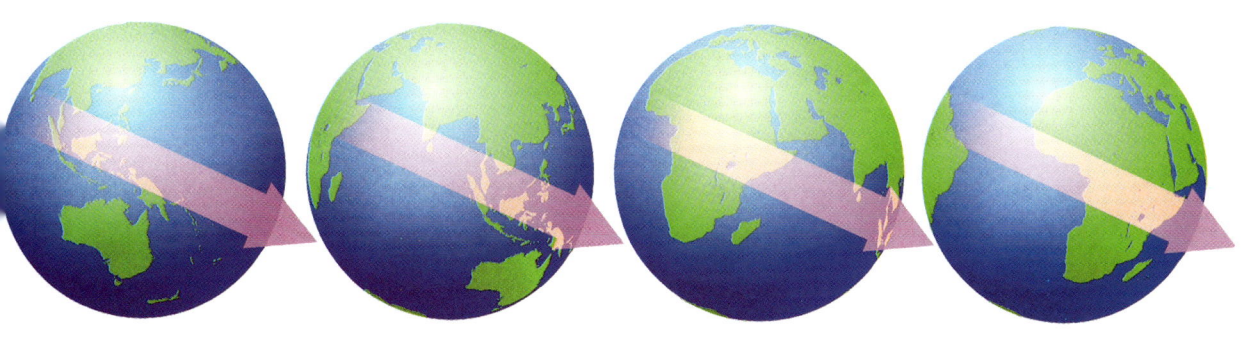

地球内部 Inside the Earth

10 地球由不同部分组成。地球有着薄薄的、由岩石构成的地壳，固体的中间层地幔以及最中心的地核。地核又可分为外核和内核。外核呈液态，内核则由固体金属构成。

11 内核位于地球的中心，是一个巨大的金属球。内核的直径达2500千米，主要由铁构成，另外还有少量的镍。内核的温度令人不可思议，6000℃的高温足以使金属熔化。由于地球其他部分重重地向下挤压，才使如此炙热的内核依然呈固态。

12 一层炙热的液态铁和镍围绕着内核流动。这便是厚度大约为2200千米的外核。随着地球自转，金属内核和液态外核都在以不同的速度运动。

▶ 地球内部炙热的岩石通过地壳的缝隙到达地表。

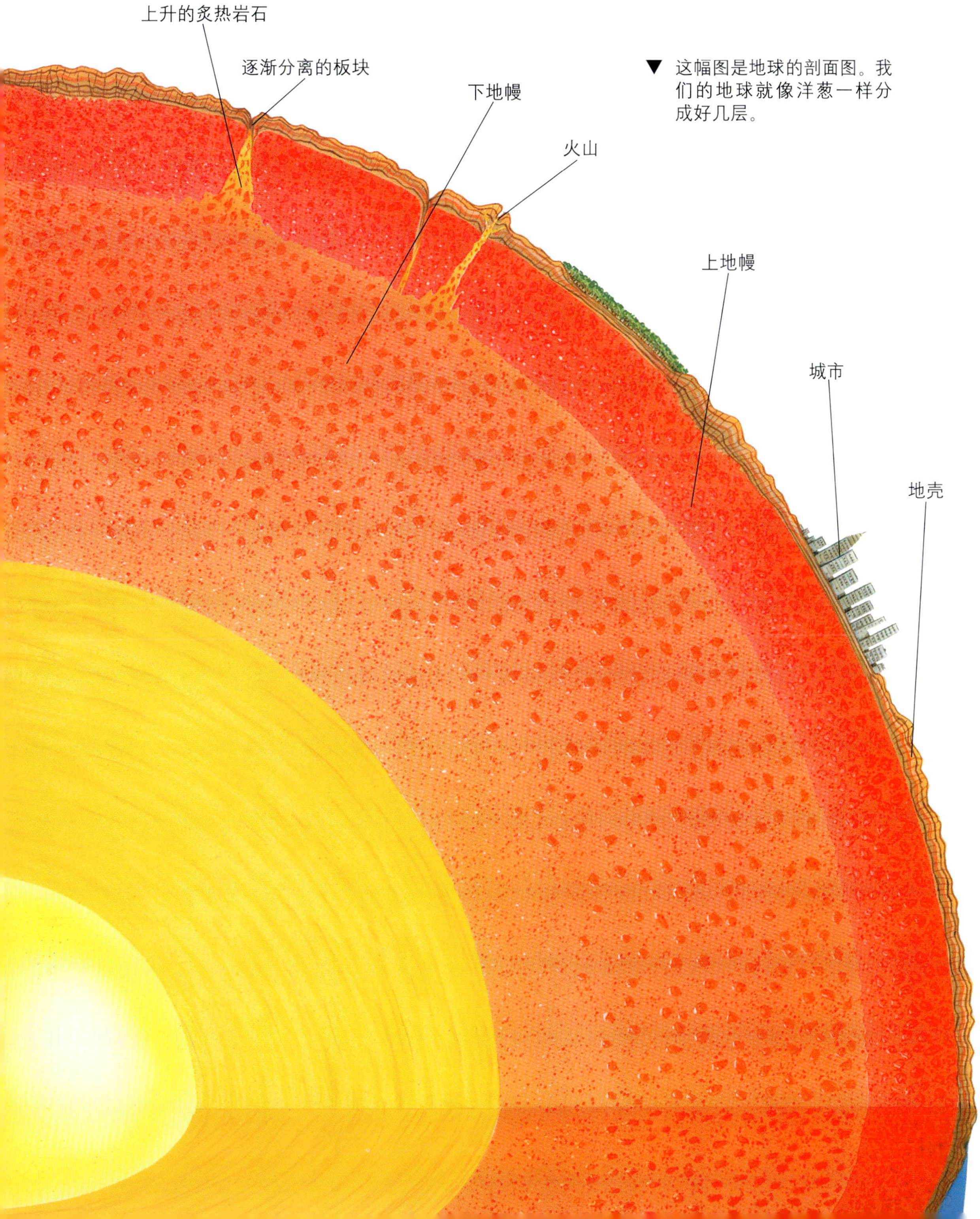

上升的炙热岩石

逐渐分离的板块

下地幔

火山

▼ 这幅图是地球的剖面图。我们的地球就像洋葱一样分成好几层。

上地幔

城市

地壳

地球内部 Inside the Earth

13 地幔厚约2900千米，是地球最大的部分。地幔位于地核和地壳之间。地幔靠近地壳的部分由移动缓慢的岩石组成，上地幔的移动方式与被挤压的牙膏的移动方式相似。

14 地壳覆盖在地球表面。陆地由厚度在20～70千米之间的大陆地壳构成，主要成分是花岗岩。海床则由厚约8千米的海洋地壳构成，主要成分是玄武岩。

15 地壳被分成若干个板块。大多数板块上都分布着陆地和海洋，但有些板块大部分被海水覆盖着，比如太平洋板块。板块上的大片陆地区域叫做大洲。地球上共有七个大洲，分别是非洲、亚洲、欧洲、北美洲、南美洲、大洋洲和南极洲。

16 七个大洲的移动速度都非常非常缓慢。地壳下流动缓慢的地幔使地球表面的板块发生移动。移动的板块使得其上的大洲也随着"漂移"。有些地方的板块相互碰撞，而另一些地方的则逐渐分离。像北美洲就正在以每年3厘米的速度远离欧洲。

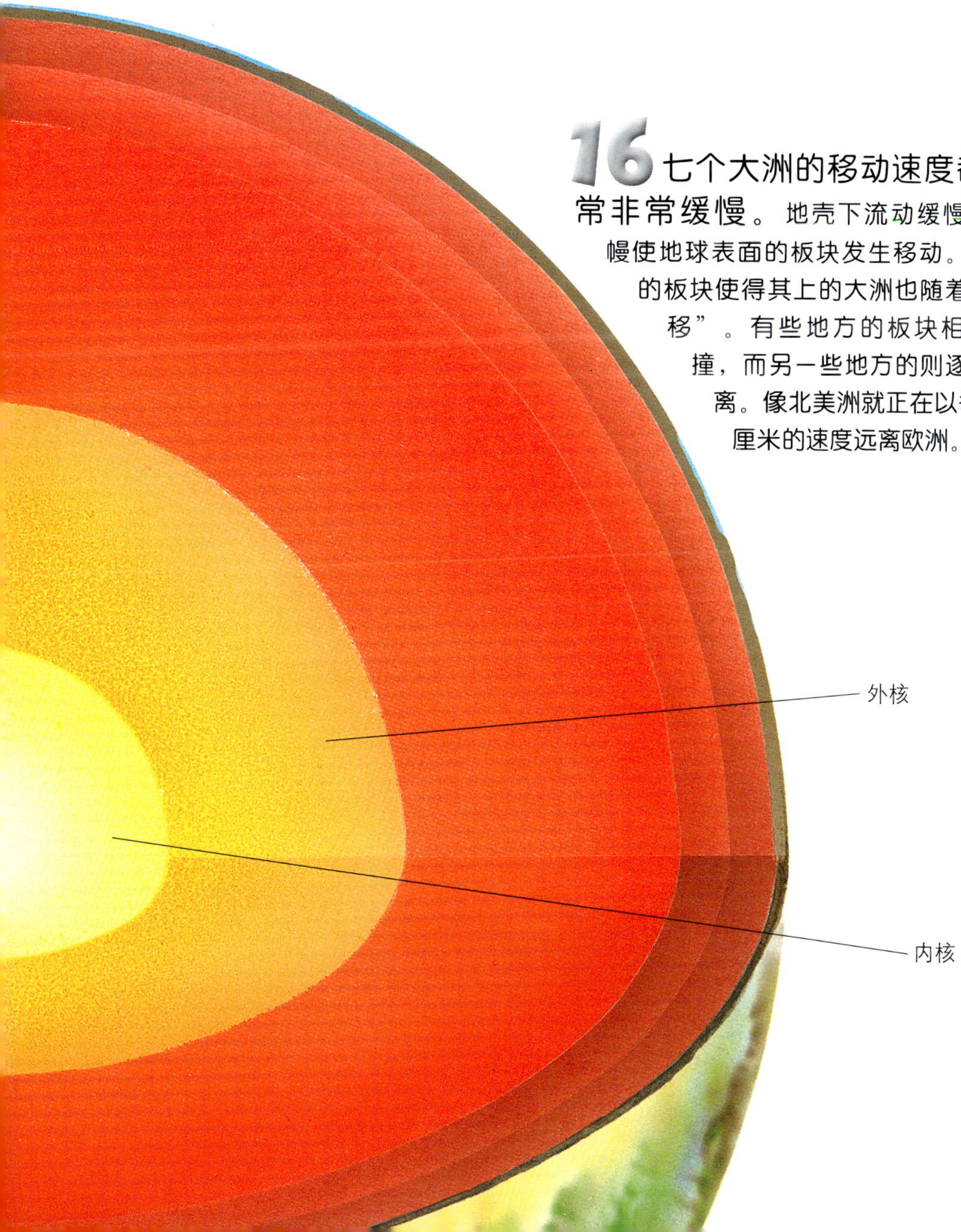

外核

内核

火山 Hot rocks

火山灰、蒸汽和烟形成的云团

17 地球上的一些地方有炙热的岩浆喷出。这就是火山。火山下面有一个巨大的岩浆房，里面充满了熔化了的岩石。压力在岩浆房内部逐渐增强，就像你摇晃汽水瓶时所产生的压力那样。火山灰、蒸汽和熔岩从火山顶部喷出，这便是火山爆发。

▶ 火山爆发时，地球内部滚烫的岩石以火山灰、烟、火山弹以及岩浆流的形式喷涌出来。

熔岩从喷口流下

岩浆在火山下扩散开来并逐渐冷却

前几次火山爆发形
成的岩层

火山下方巨大的岩浆房

火 山 Hot rocks

18 火山有不同的喷发方式和不同的形状。大多数火山内部都有一根通向火山喷口的火山筒。有些火山有流动的熔岩，例如夏威夷群岛上的火山。流动的熔岩从喷口流出使火山呈半圆形，这样的火山叫盾状火山。另外一些火山有黏稠的熔岩，当它们喷发时，熔岩中的气体使熔岩爆裂成无数的火山灰。这些火山灰在火山口周围堆积下来，形成圆锥形火山。圆锥形火山的顶部发生爆炸后沉入岩浆房便形成了火山臼。

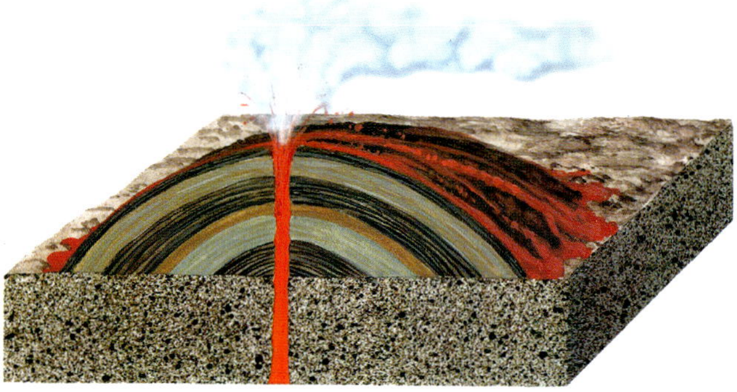

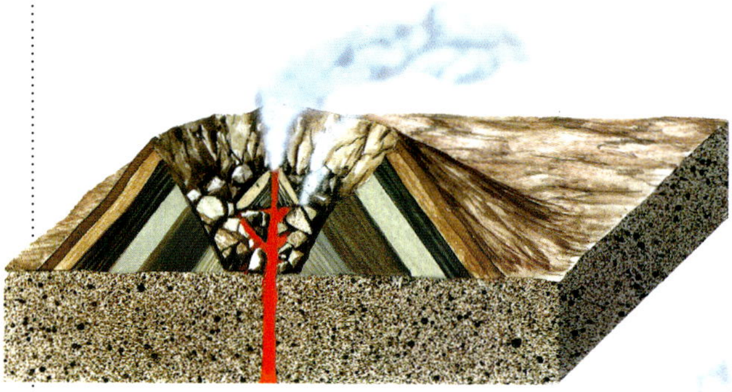

◀ 这三幅图分别是盾状火山（上图），火山臼（中图）和圆锥形火山（下图）。

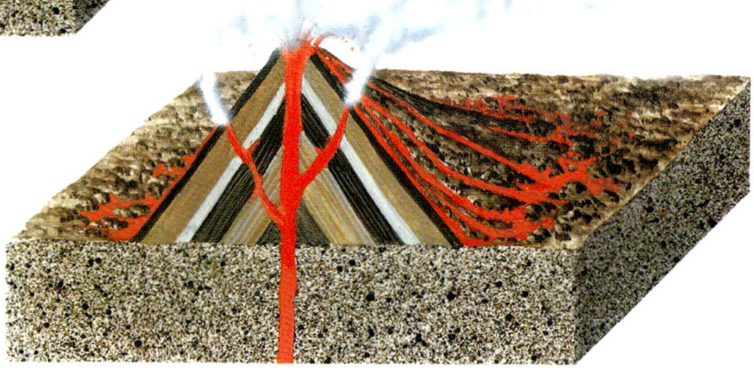

制作火山

你需要：

食用色素　　一个塑料瓶

醋　　沙子　　小苏打

在塑料瓶中放入一大汤匙小苏打，然后把瓶子放在一个盘子上，在瓶子周围撒上沙子做成一个锥形的沙堆。在半杯醋中滴入几滴红色的食用色素，将它们倒入一个水壶，再倒入塑料瓶中。很快就会有冒着泡泡的红色"熔岩"从"火山"中喷出。

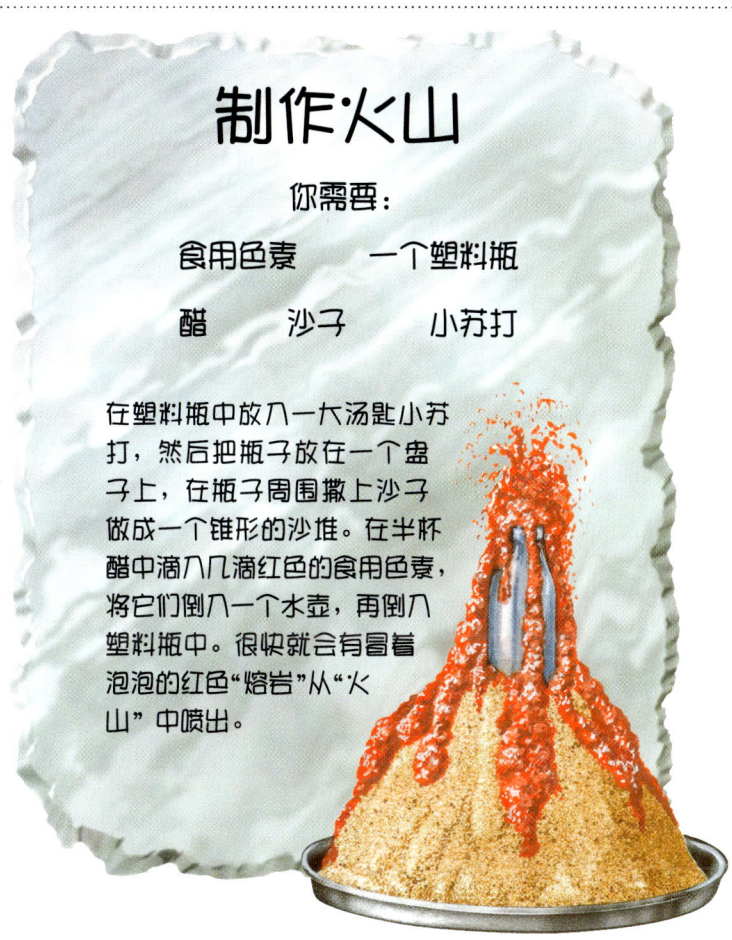

19 海底也有火山。在地壳板块分离的地方，熔岩从断裂带火山中流出填充缝隙。这些熔岩很快被海水冷却并形成枕状熔岩。

20 滚烫的岩石并不总是到地面上来。大块的岩石在向地表上升的过程中有可能被卡住，形成岩基。岩石逐渐冷却形成大块的晶体，晶体冷却后形成花岗岩。最后，地壳的表面磨损，岩基的顶部便在地面上显露出来。

地 热 Boil and bubble

21 一些年代久远的火山顶部有间歇泉。

当这些火山崩塌时，碎裂的岩石便掉入岩浆房中，在里面滚烫的岩石上堆积起来。碎石间的空隙形成一个又一个岩管和空室，雨水渗入其中汇集起来，并在那里不断升温直至沸腾。累积的水蒸气推动水流穿过岩管从一个圆锥形的喷口喷出。喷出的水蒸气和水最终形成一个高达60米的喷泉。

◀ 在大洋洲的新西兰的火山地带，间歇泉十分常见，甚至有些地区的人们利用它们发电。

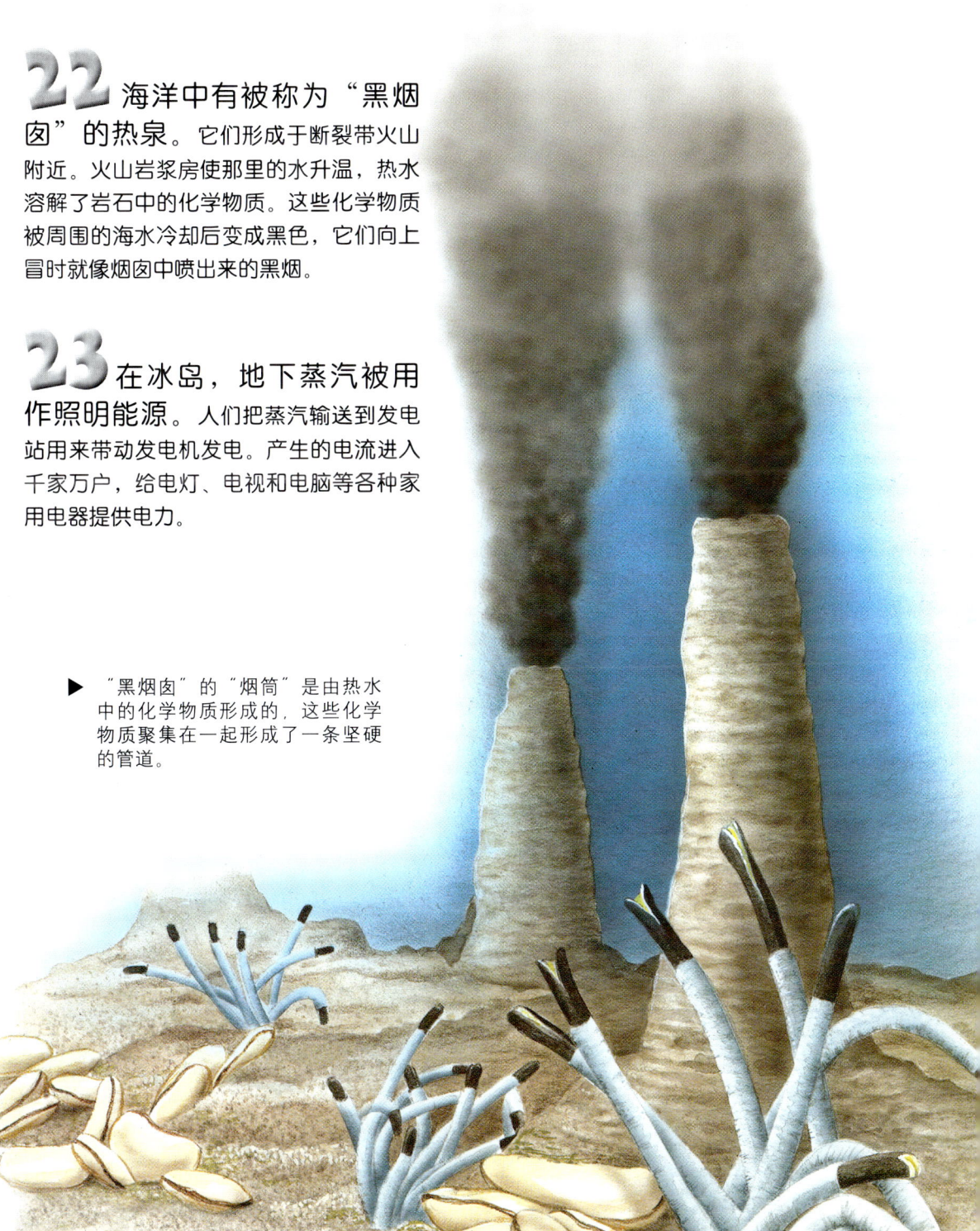

22 海洋中有被称为"黑烟囱"的热泉。它们形成于断裂带火山附近。火山岩浆房使那里的水升温，热水溶解了岩石中的化学物质。这些化学物质被周围的海水冷却后变成黑色，它们向上冒时就像烟囱中喷出来的黑烟。

23 在冰岛，地下蒸汽被用作照明能源。人们把蒸汽输送到发电站用来带动发电机发电。产生的电流进入千家万户，给电灯、电视和电脑等各种家用电器提供电力。

▶ "黑烟囱"的"烟筒"是由热水中的化学物质形成的，这些化学物质聚集在一起形成了一条坚硬的管道。

地 热 Boil and bubble

24 水蒸气和有气味的气体从地面的孔洞中冒上来。这些孔洞叫做喷气孔。从古罗马时代起，人们就开始用从喷气孔中喷出来的气体洗蒸汽浴了。这种蒸汽可以保持关节和肺的健康。

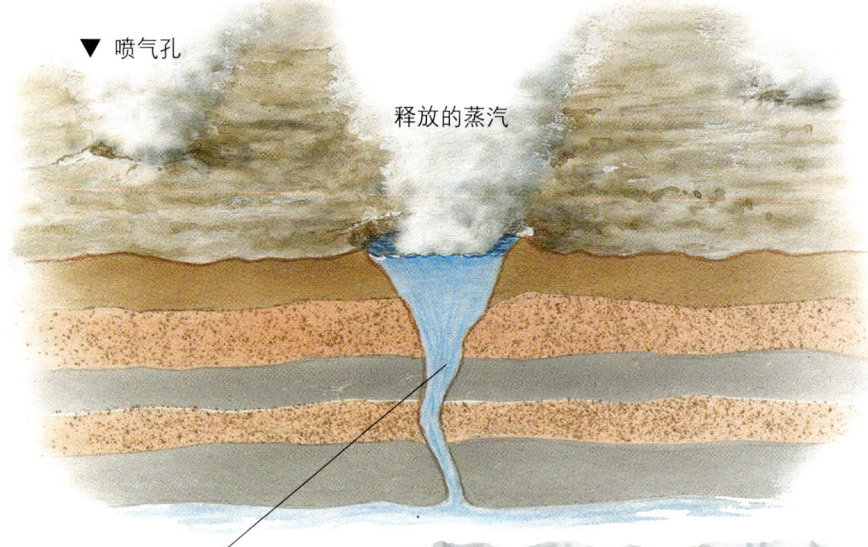

▼ 喷气孔

释放的蒸汽

温度极高的水

▲ 喷气孔下的水变得越来越热，最终成为水蒸气，向上冲入空中。

25 温泉中的水汩汩地上升。水在岩浆室中被加热后，沿岩管上升流进水塘。水塘中微小的藻类和细菌可能会使水塘呈现出亮丽的颜色。这些微小的生物以巨大的数量生活在热水中。

制作间歇泉

你需要：

塑料管 一个水桶 一只塑料漏斗

在水桶里装满水，把漏斗的宽口放入桶中，保证它的大部分都浸入水下。取一个塑料管，将一端放在漏斗下面，朝另一端吹气，水花和气体便会从漏斗中喷涌而出。不过要小心避得满脸是水哦！

26 泡泥温泉能使你的皮肤变得光滑细腻。气体使岩石碎裂成细小的碎片，碎石与水混合在一起，于是形成了泥温泉。热气在泥浆里冲撞，使泥浆"咕嘟咕嘟"地冒着泡泡。有些泥温泉的温度不高，人们可以泡在里面洗个泥浆浴。

▼ 泥温泉

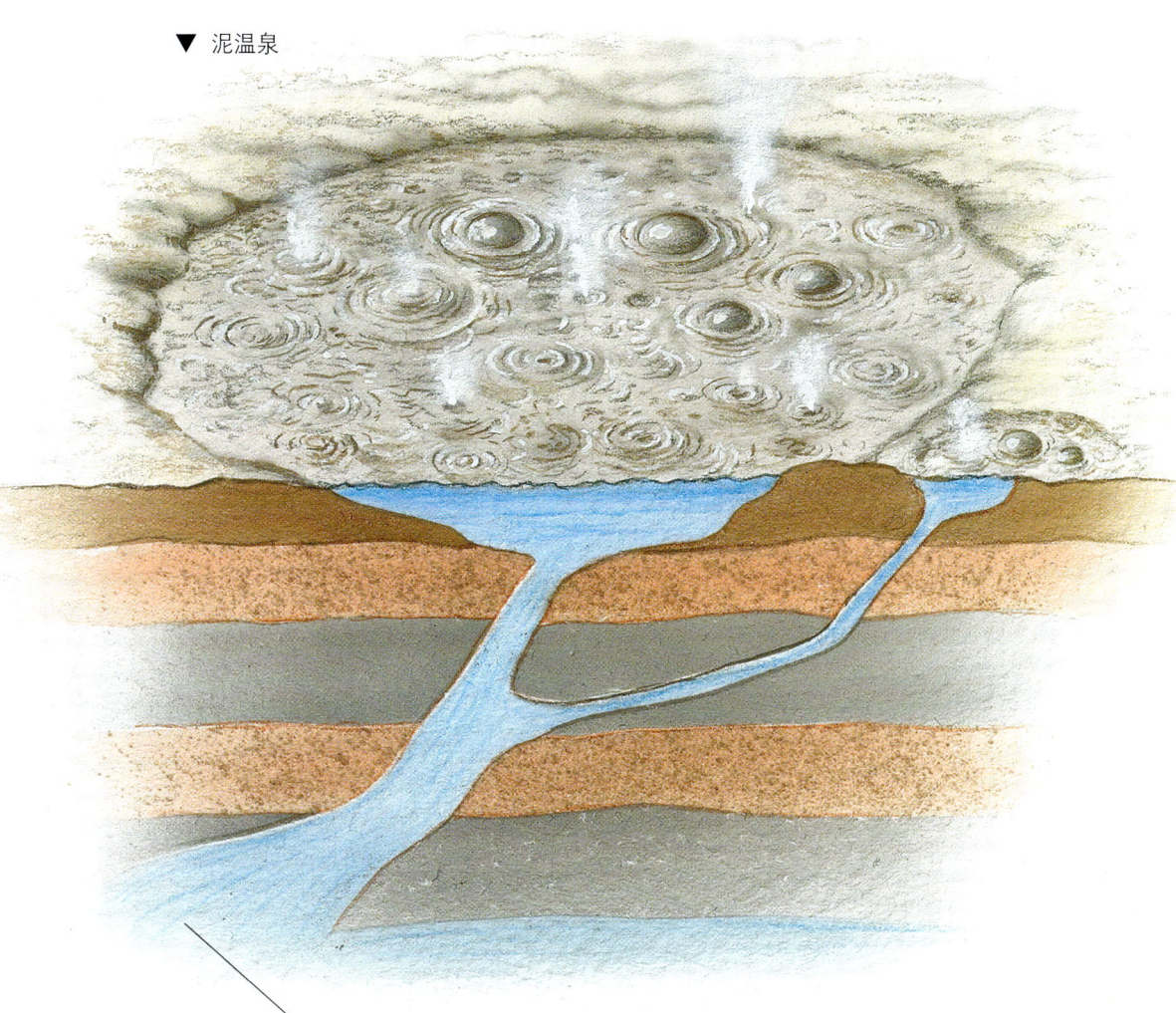

温度极高的水在地表与泥浆混合

▲ 泥温泉中的气泡充满气体，不断膨胀的气泡最终将破裂，里面的气体便逃逸出来混入空气。

将岩石粉碎 Breaking down rocks

27 冰拥有粉碎岩石的力量。

在寒冷的季节，雨水进入岩石的缝隙冻结成冰。水在结冰后体积增大，这种膨胀的力量足以使岩石上的缝隙继续开裂。随着时间的流逝，岩石便被粉碎成许多的小碎片。

▶ 冰粉碎岩石

28 冷热交替使岩石裂成薄片。

岩石受热后会微微膨胀，冷却后又恢复原来的大小。如此反复很多次之后，一些岩石便破裂成片状。有时候，一层层薄片层也会在岩石表面形成，使岩石看上去好似拥有"洋葱皮"。

◀ 岩石的薄片层开裂的程度不一样，使岩石表面呈现凹凸不平的片状。

29 冰川撕裂岩石并将它们带走。冰川是在山顶附近形成的大面积结冰区域。它们缓慢地滑下山坡，然后融化。在移动过程中，冰川将途中的一些岩石折断并带走，而另一些岩石则被磨成细石子和砂子，随着冰川一起下滑。

30 江河湖海中的岩石在不断变小。水流日复一日地冲刷着岩石，同时还溶解岩石中的矿物质。除此之外，水中的砂子和细石子也会慢慢地磨损岩石表面。

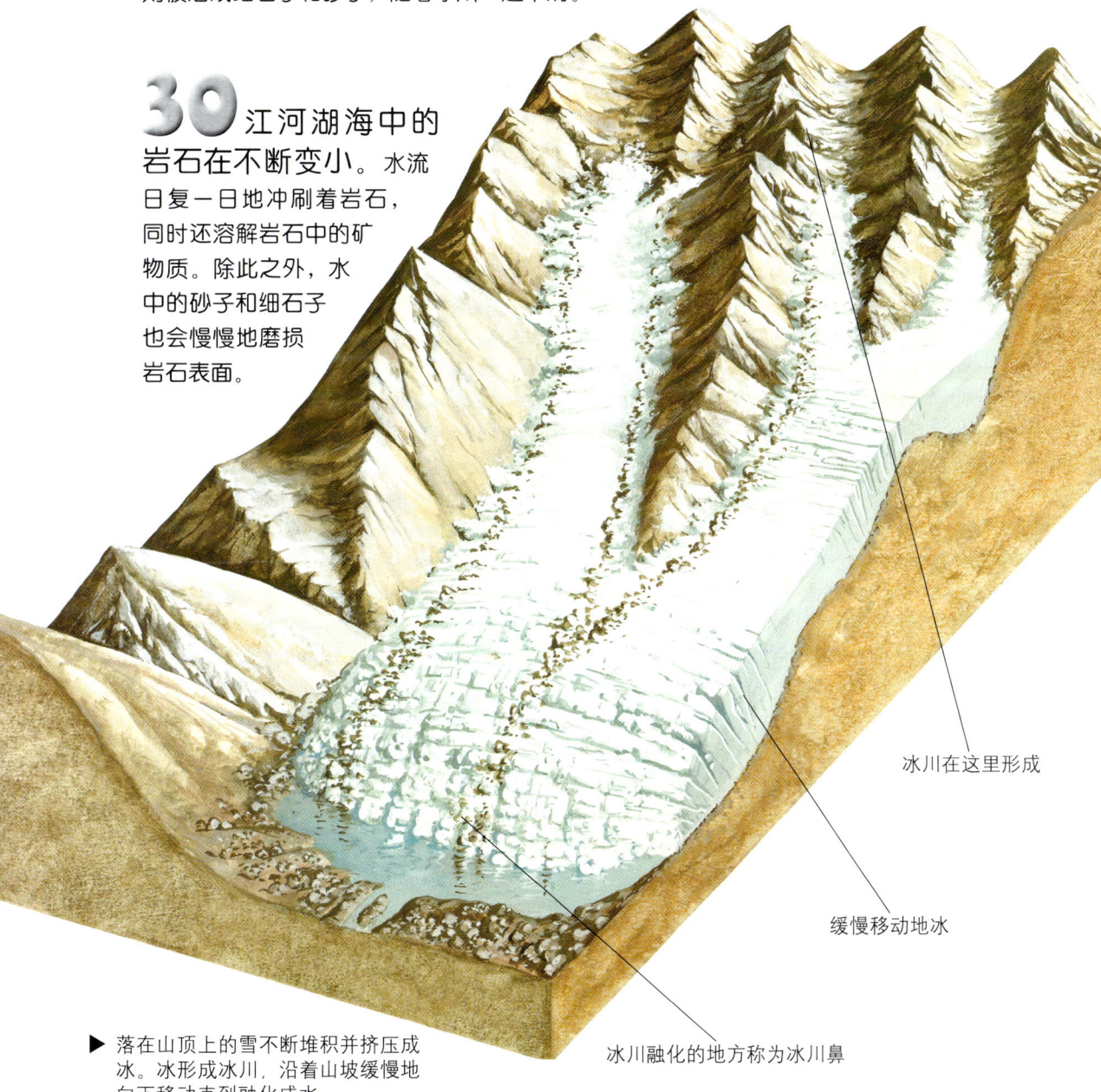

冰川在这里形成

缓慢移动地冰

冰川融化的地方称为冰川鼻

▶ 落在山顶上的雪不断堆积并挤压成冰。冰形成冰川，沿着山坡缓慢地向下移动直到融化成水。

将岩石粉碎 Breaking down rocks

◀ 树根穿过岩石生长

31 生物也能粉碎岩石。树种有时会落在岩石的缝隙中，一段时间之后，一棵树便成长起来，巨大的树根在生长的过程中挤裂岩石。叫做地衣的微小生物为了获取生长所需的矿物质会分解岩石表面。兔子等动物在挖掘地洞时也会将地上的岩石弄碎。

32 历经很长时间，风甚至能将岩石吹成碎片。大风卷着尘埃和砂粒从岩石上吹过，慢慢地将岩石表面撕裂，然后又吹掉岩石表面早先形成的松动小碎片。

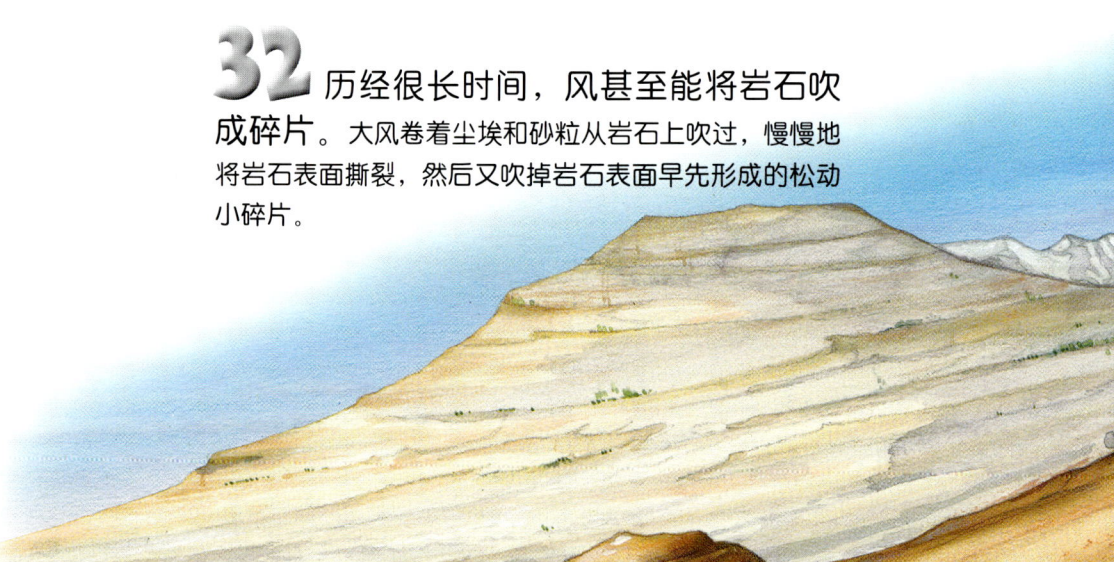

难以置信！

在土耳其，有一个地方的人们竟然在巨大的锥状岩石中挖洞造房。

光滑的岩石表面

石拱门

岩石的形成 Settling down

33 大小不同的石头粘在一起，形成岩石。数千年前，巨石、鹅卵石和小石子在海岸和湖岸上沉积下来，渐渐融合在一起形成砾岩。而碎石则在悬崖下面聚集在一起，形成了角砾岩，角砾岩块都有锋利的边缘。

▲ 天然胶结物质将大大小小的石块粘在一起，形成大块的岩石，例如角砾岩。

34 海洋和沙漠中都有砂岩。当一层厚厚的沙土堆积起来时，被压在一起的砂粒便形成胶结物质，它们再将其他的砂粒粘在一起形成砂岩。海洋中的砂岩由边缘锋利的砂粒形成，呈黄色；沙漠中的砂岩则是由光滑的圆形砂粒形成的，呈红色。

▲ 天然胶结物质将砂粒粘在一起，形成砂岩。

35 如果将烂泥压实，它便会变成石头。稀泥由极其微小的黏土颗粒和稍显细长的粉沙颗粒构成。当一层又一层的泥浆层在古老的江河湖海中形成时，它们会因为自身的重量而相互挤压形成泥岩。

▶ 泥岩的表面非常光滑，呈现出灰、黑、棕或黄等不同颜色。

36 海洋动物的壳能形成石灰岩。大海中生活着很多长有硬壳的动物。它们死后，这些壳遗留在海床上。一段时间过后，海床上便堆积起大量的壳，它们互相挤压形成石灰岩。此外，许多硬壳变成了化石。

▶ 石灰岩通常是白色、乳白色、灰色或黄色的。在石灰岩地带常有洞穴形成。

观察岩石如何沉淀

你需要：

沙　黏土　小石子

一个塑料瓶

在碗中分别放入一汤匙沙子、黏土和小石子，然后再加入两杯水，将混合物倒入塑料瓶中。你会看到小石子分层沉淀，最小的在瓶底，最大的在上面。

37 白垩由数百万的壳和微小海洋生物的残留物形成。每滴海水都含有大量微生物。有些微生物长有布满细孔的壳，当它们死后，壳沉到海底，经过一段时间之后形成白垩。

难以置信！

在白垩和石灰岩中能找到燧石。几千年前的人们用燧石制作斧子、刀和箭头。

◀ 今天看到的白垩大多数都是在恐龙时代形成的。不过现在，在地球的某些地方也还有白垩正在形成。

发现化石 Uncovering fossils

38 动植物的尸体被迅速掩埋从而形成最完好的化石。

动植物死亡后通常被其他生物吃掉，就此荡然无存。然而如果它们死后被即刻掩埋，或者直接被活埋，那么就有可能完好地保存下来。

▶ 这只菊石活着时，它的触手应该是从壳没有卷曲的一端伸出来。

39 有些化石看上去像盘起来的蛇，实际上却是甲壳类动物。它们就是菊石。菊石的身体包裹在螺旋形的外壳里，肉体腐烂后，剩下的壳逐渐变成化石。菊石生活在海里，与陆地上的恐龙生活在同一时代。

▼ 三叶虫是一种生活在海里的小型生物，现已发现许多三叶虫的化石。

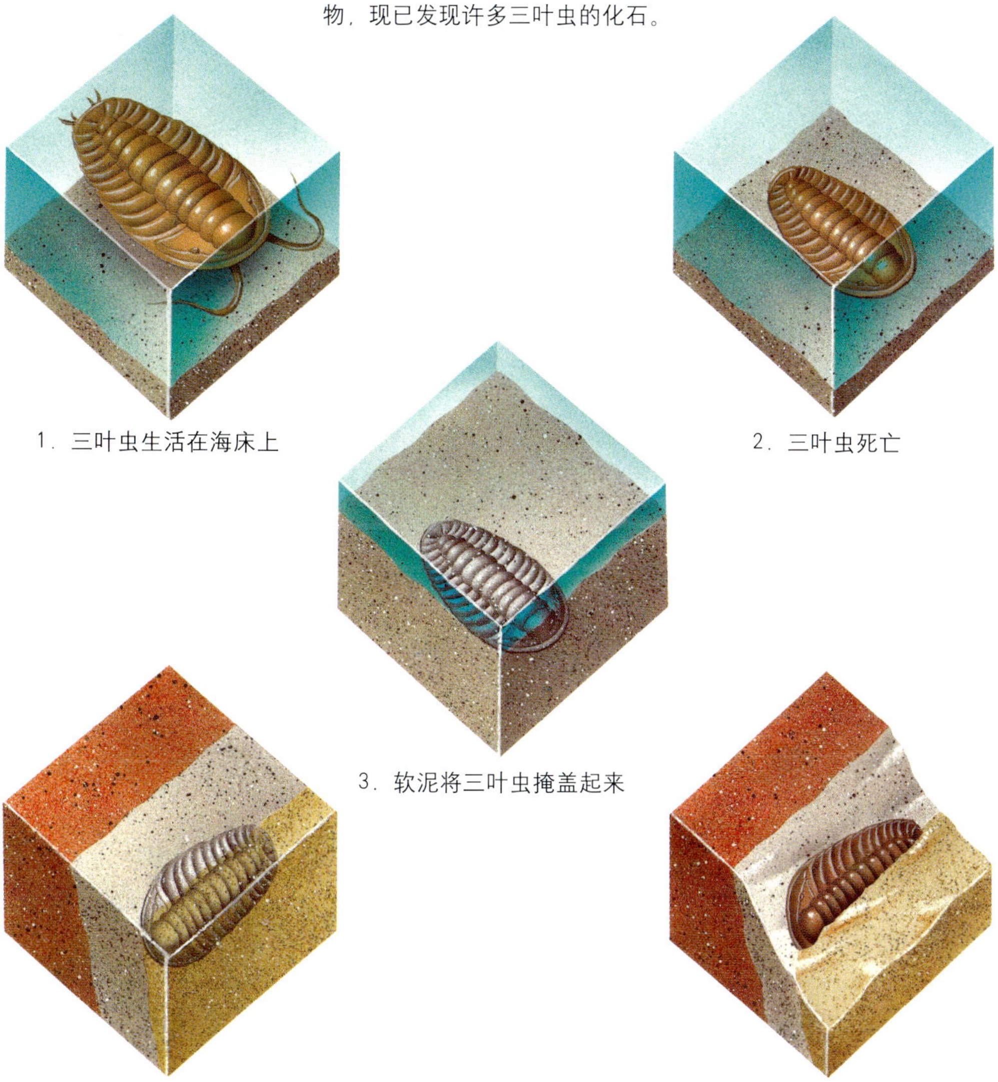

1. 三叶虫生活在海床上

2. 三叶虫死亡

3. 软泥将三叶虫掩盖起来

4. 软泥变成石头

5. 化石在石头内部形成

40 **矿物质能形成化石**。水能分解死去的动物或植物，于是软泥中便出现动物或植物形状的痕迹，周围岩石中的矿物质逐渐将这些空出的空间填满。有时候，矿物质只是沉积在死去的动物或植物内，使其变硬、变重。

PLANET EARTH

发现化石 Uncovering fossils

▲ 这是暴龙的颅骨化石。暴龙大约生活
在7000万～6500万年前。

41 已发现的恐龙化石中并非只有骨骼化石。
有些恐龙留下了整副完整的骨架，而有些只留下了几块零散的骨
头。牙齿、皮肤、蛋和粪便形成的化石也已经被发现。另外，恐
龙从软泥中走过时还会留下脚印，这些脚印也慢慢变成化石。通
过观察这些脚印化石，科学家们了解到了恐龙的行走方式以及它
们究竟可以跑多快。

42 燃烧化石也能发电。大约3亿年前，森林和沼泽覆盖着陆地。植物死亡后落入沼泽中，不会腐烂。随着时间的流逝，它们被挤压，温度越来越高，最终成为煤。如今，人们把煤当作燃料用于发电。

死亡的树被掩埋起来，经过挤压形成泥炭

▶ 煤由生长在水边的树等植物形成。浸满水的地面阻止树腐烂，于是泥炭便形成了。

泥炭变硬后形成煤

难以置信！

一些细菌的化石已经存在了35亿年。

变化中的岩石 Rocks that change

43 岩石在地壳中形成后很快又会发生改变。 发生改变主要有两种方式。一种是地表的岩石被来自地壳中向上运动的炙热岩石加热；另一种方式是在山体形成的过程中，地壳受到挤压而升温。这两种方式都使岩石中的晶体发生变化，从而形成新类型的岩石。

▶ 地表之下是岩层，有些岩层会因受热发生变化。

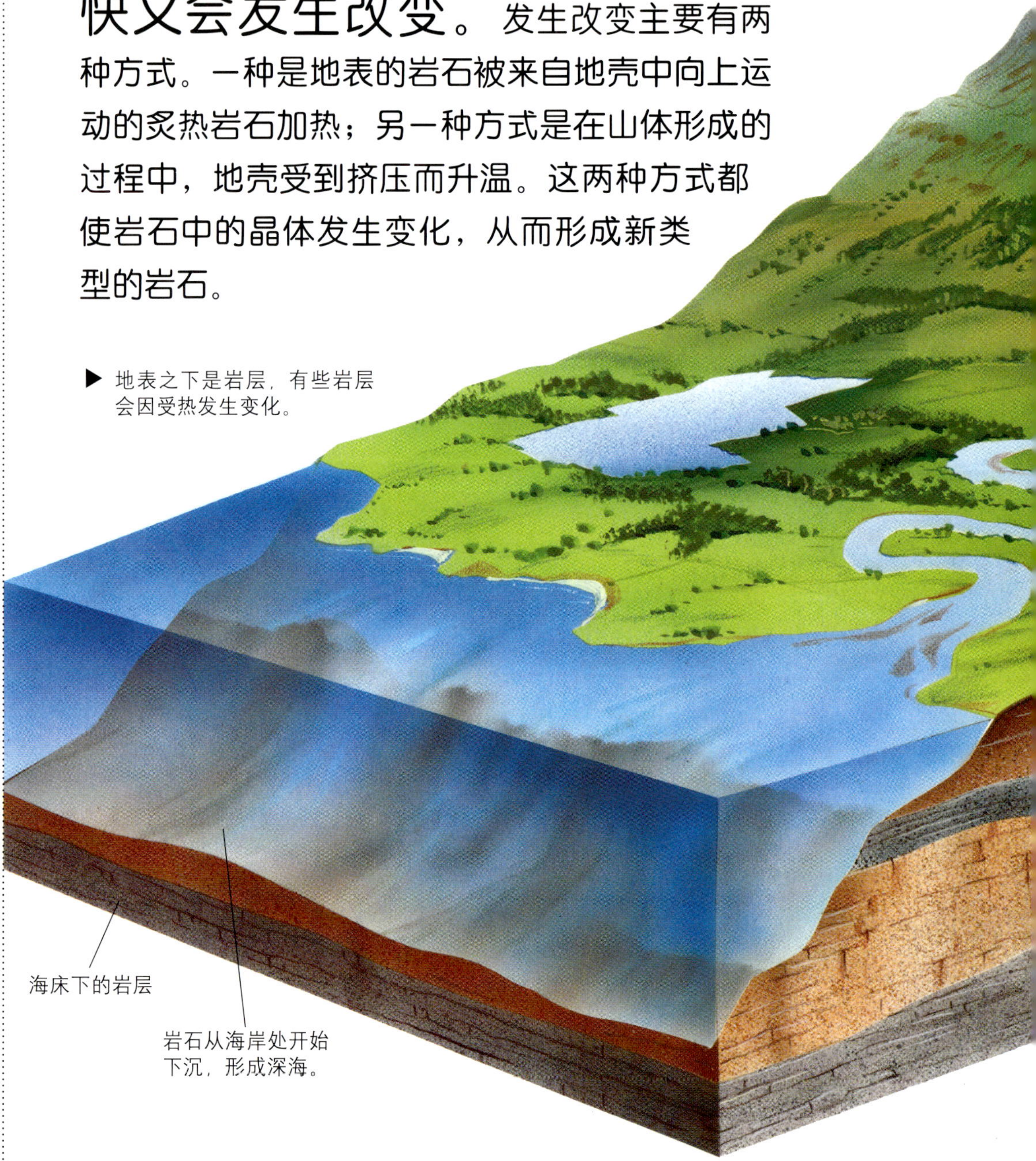

海床下的岩层

岩石从海岸处开始下沉，形成深海。

有些炙热的岩石穿过火山筒涌向地表

远离热源的岩层不会发生改变

炙热的岩石陷在地壳中使周围的岩石发生改变

受挤压的岩石发生褶皱

变化中的岩石 Rocks that change

44 泥岩经挤压、受热成为板岩。这时候，泥岩中的晶体开始分层排列，使其很容易被分割成薄片状。板岩是制造屋顶的极好材料，这种表面光滑的岩石还可以用来生产台球桌。

45 当岩石被加热和对折交叠时产生条纹。这个过程中，岩石的温度变得非常高，几乎要熔化。组成岩石的矿物质呈现出许多层，作为彩色的条纹出现。这些条纹呈波纹状，显现出岩石的褶皱方式。这种岩石叫做片麻岩。

▶ 一层又一层不同的矿物质形成了片麻岩上的条纹。

46 高温使地壳中的石灰岩变成大理石。组成石灰岩的硬壳在遇到强热时破裂，形成大理石。这是一种外观莹润的岩石，表面抛光后，看起来非常漂亮，常被用来制作雕塑和装饰物。

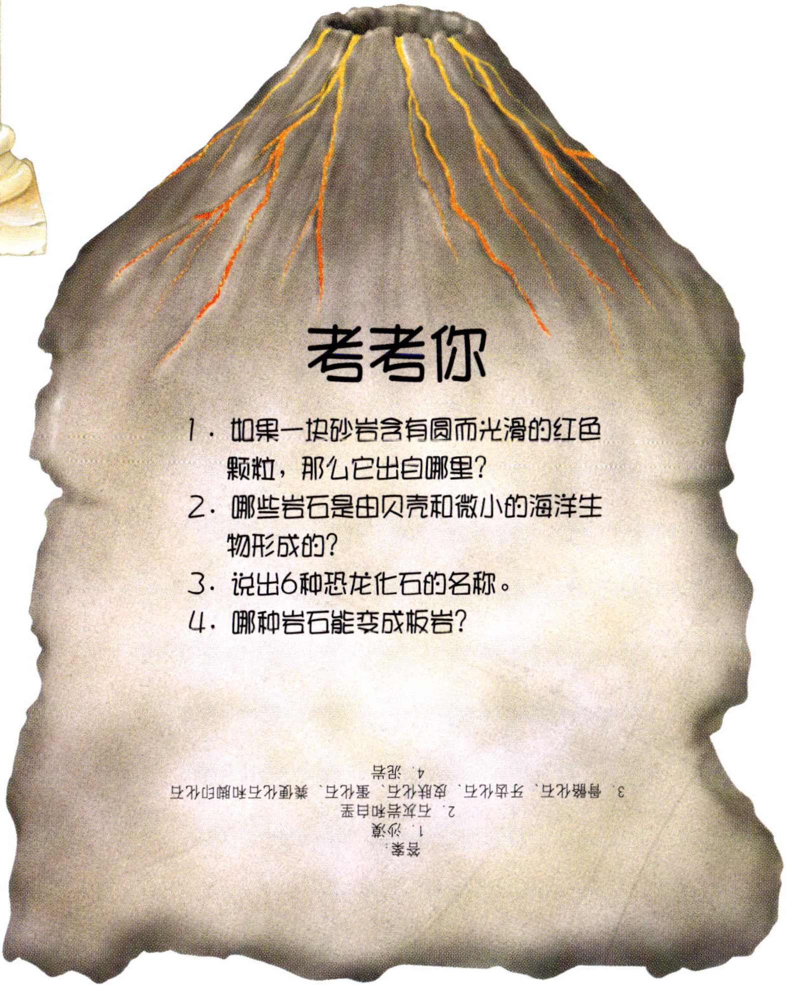

考考你

1. 如果一块砂岩含有圆而光滑的红色颗粒，那么它出自哪里？
2. 哪些岩石是由贝壳和微小的海洋生物形成的？
3. 说出6种恐龙化石的名称。
4. 哪种岩石能变成板岩？

答案:
1. 沙漠
2. 石灰岩和白垩
3. 骨骼化石、牙齿化石、皮肤化石、蛋化石、蹄印化石和脚印化石
4. 泥岩

PLANET EARTH

绵延的山峦 Massive mountains

47 世界上海拔较高的山峰一般都刚形成不久。形成于1500万年前的珠穆朗玛峰是世界第一高峰。年轻的山都有参差不齐的山峰，这是因为天气很容易对山顶上较软的岩石产生影响使其垮塌，而对于坚硬岩石的作用时间则相对较长。不过一段时间之后，即使是坚硬的岩石也会被风化。这就是年代较久的山相对低矮且山顶呈圆形的原因。

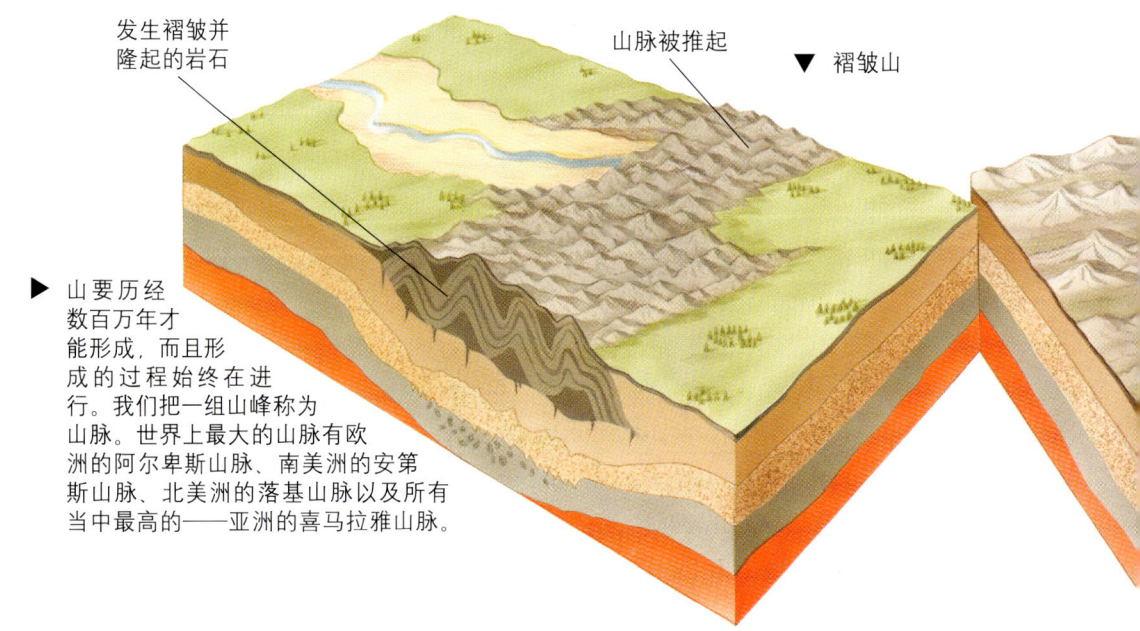

发生褶皱并隆起的岩石

山脉被推起

▼ 褶皱山

▶ 山要历经数百万年才能形成，而且形成的过程始终在进行。我们把一组山峰称为山脉。世界上最大的山脉有欧洲的阿尔卑斯山脉、南美洲的安第斯山脉、北美洲的落基山脉以及所有当中最高的——亚洲的喜马拉雅山脉。

48 地壳板块相互碰撞形成山脉。两块大陆板块相互碰撞时，处于边缘的地壳变皱并隆起形成山脉。亚洲的喜马拉雅山便是这样形成的。

49 有一些火山也排在世界最高山的行列里。这些山是在熔岩从地壳中喷发出来的时候形成的。熔岩冷却后成为坚硬的岩层。火山每喷发一次，熔岩就会在原来的岩层上形成一层新的岩层。

50 地壳运动能使大块的岩石隆起形成山脉。地壳中相互推挤的板块产生热量，使岩石变软形成褶皱。离热源较远的岩石温度也较低，在受到挤压时常发生断裂。断裂的岩石在地壳中形成巨大的裂缝，称为断层。当两个断层之间的巨石受到周围地壳的挤压时，便隆起形成山脉。

制作褶皱山

在桌子上放一块毛巾，把你的双手分别放在毛巾的两端，然后慢慢地向中间收拢。你看，褶皱山就这样形成了！

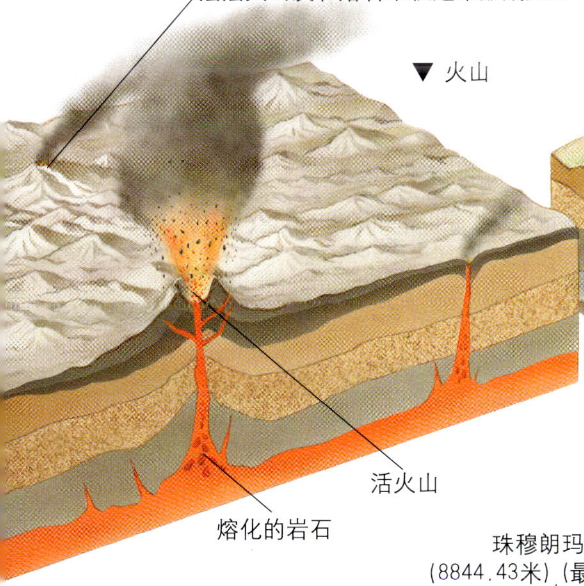

层层火山灰和熔岩堆积起来形成火山

▼ 火山

活火山

熔化的岩石

岩石被迫下沉

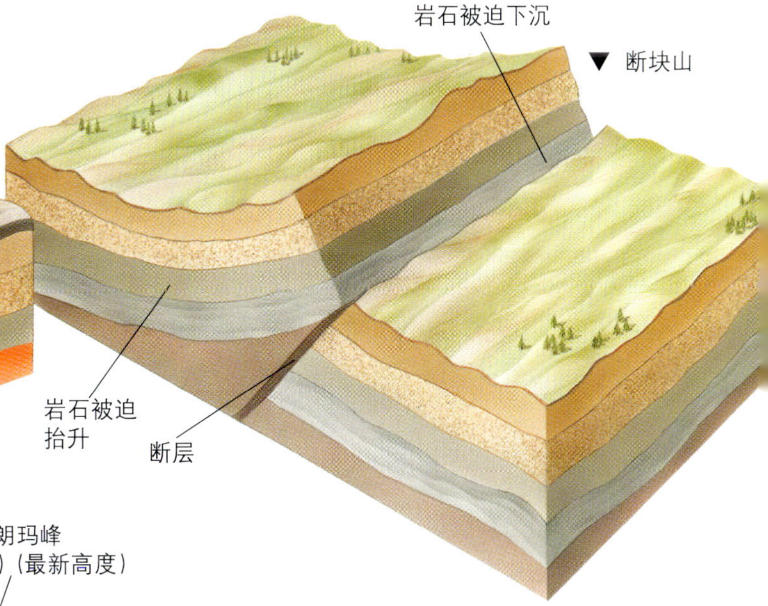

▼ 断块山

岩石被迫抬升

断层

珠穆朗玛峰
(8844.43米)(最新高度)

阿空加瓜山
(6960米)

乞力马扎罗山
(5894米)

麦金利山
(6194米)

勃朗峰
(4809米)

库克山
(3754米)

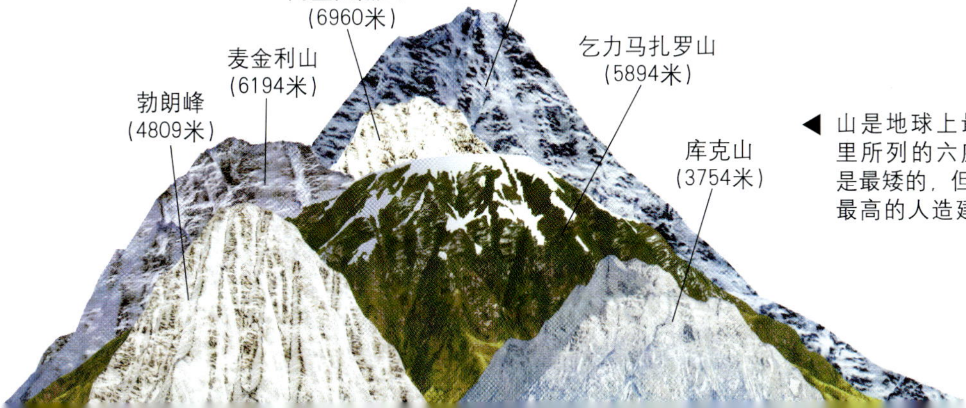

◀ 山是地球上最高的物体。这里所列的六座山中，库克山是最矮的，但它仍然比世界上最高的人造建筑物高出6倍！

地震 Shaking the Earth

51 地壳的剧烈运动引起

地震。 地震大多发生在地壳中两个板块相互摩擦的时候。地震从地底深处的震源开始，震波由震源向四面八方传播，使岩石摇动不定。震中是震波到达和震源相对应的地表的位置，那里是震动最剧烈的地方。

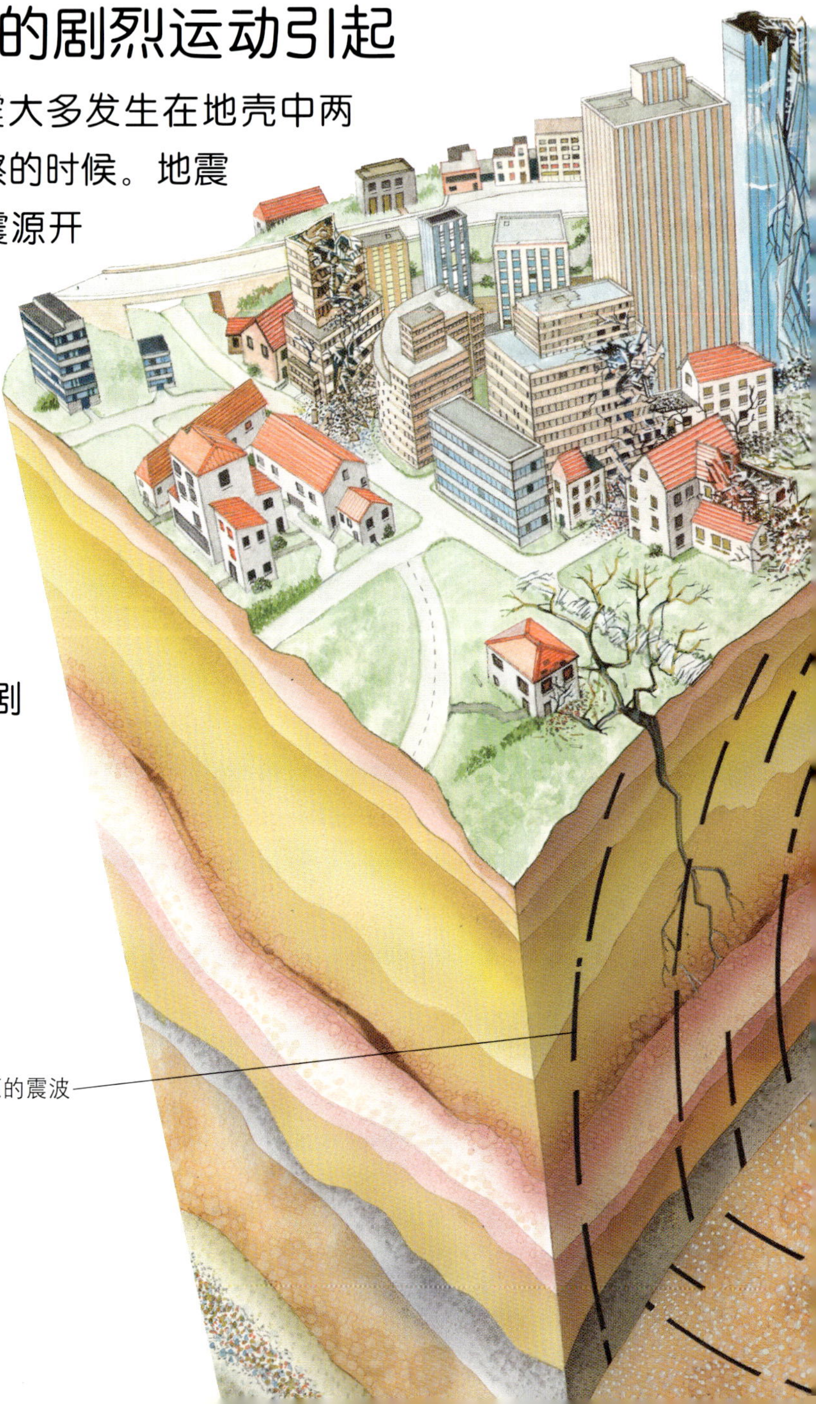

来自震源的震波

▼ 地震使建筑物倒塌，道路开裂。此外，火
也是地震带来的一大隐患，因为煤气总管
可能会破裂起火。

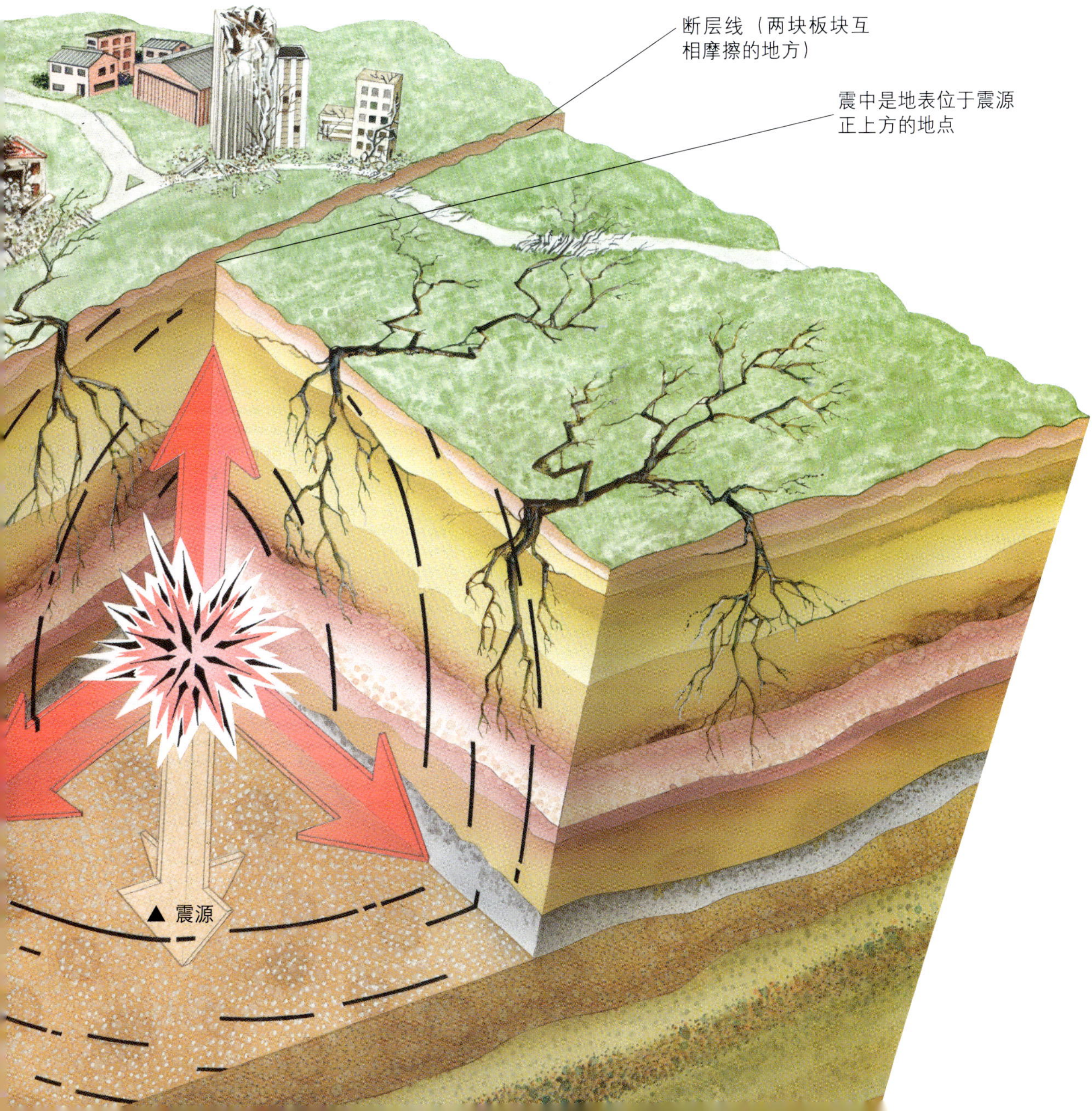

断层线（两块板块互
相摩擦的地方）

震中是地表位于震源
正上方的地点

▲ 震源

地 震 Shaking the Earth

52 地震有不同的强度。每年都有近50万次的地震发生，但并不都能被人们察觉，其中大约只有25次强烈到足以造成灾害。地震的强度用里氏震级来计量，数字越大表示破坏力越强。

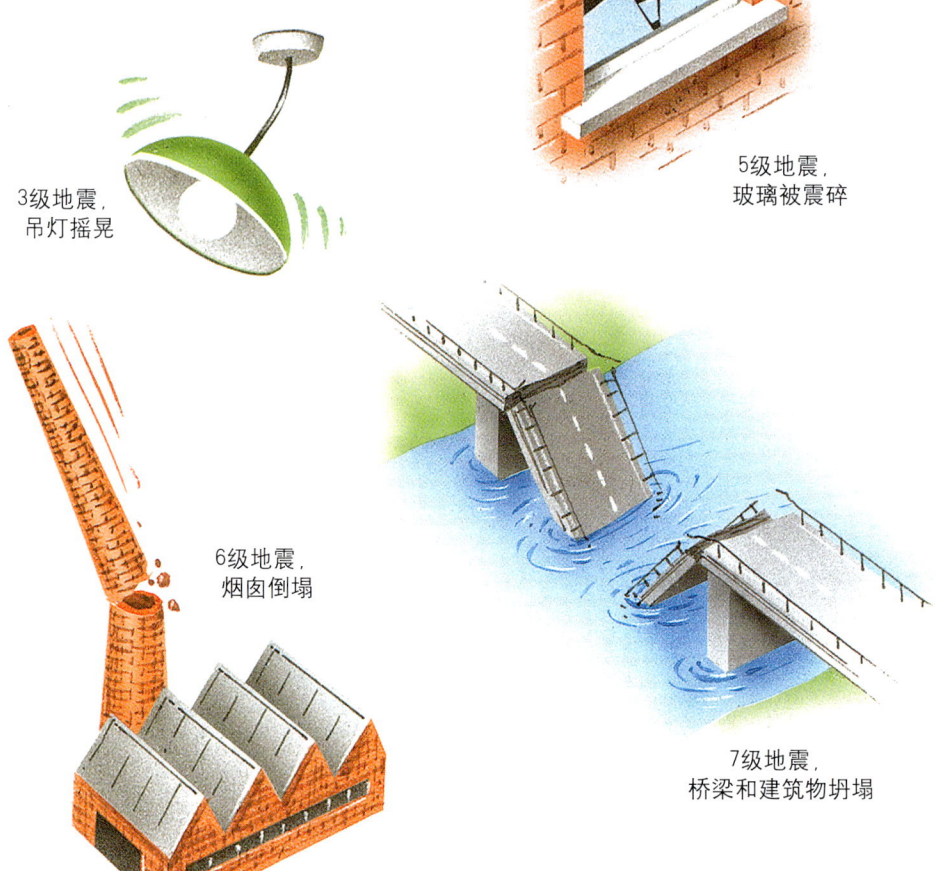

3级地震，
吊灯摇晃

5级地震，
玻璃被震碎

6级地震，
烟囱倒塌

7级地震，
桥梁和建筑物坍塌

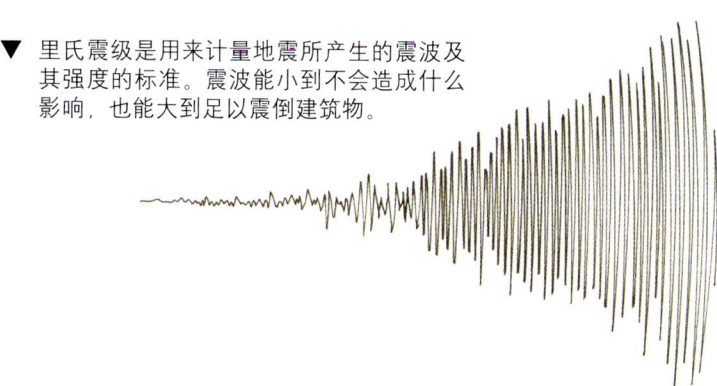

▶ 海啸可高达30米。海浪的重
量和力量能将经过的城镇和
村庄夷为平地。

53 海底地震就是在海下发生的地震。
这种地震引发海啸。当海啸疾速横扫海面时并不高，
但当它到达海岸时却会升高成一面巨大的水墙。巨浪
冲到岸上，摧毁所经之处的一切。

▼ 里氏震级是用来计量地震所产生的震波及
其强度的标准。震波能小到不会造成什么
影响，也能大到足以震倒建筑物。

幽深的洞穴 Cavernous caves

▼ 水从石灰岩中的缝隙穿过，使它们逐渐变宽从而形成洞穴。地下洞穴可分为水平的和竖直的洞穴。

竖直洞穴中的瀑布

落水洞中的瀑布

54 有些洞穴是由熔岩管形成的。

在熔岩沿着火山壁向下流淌的过程中，其表面迅速冷却。冷却的熔岩成为固体，而下面的熔岩仍然保持着一定的温度继续流动。在固体表面之下，液态熔岩流动的地方就可能会形成一条管道。当其中不再有熔岩流过时，这个管道便成为洞穴。

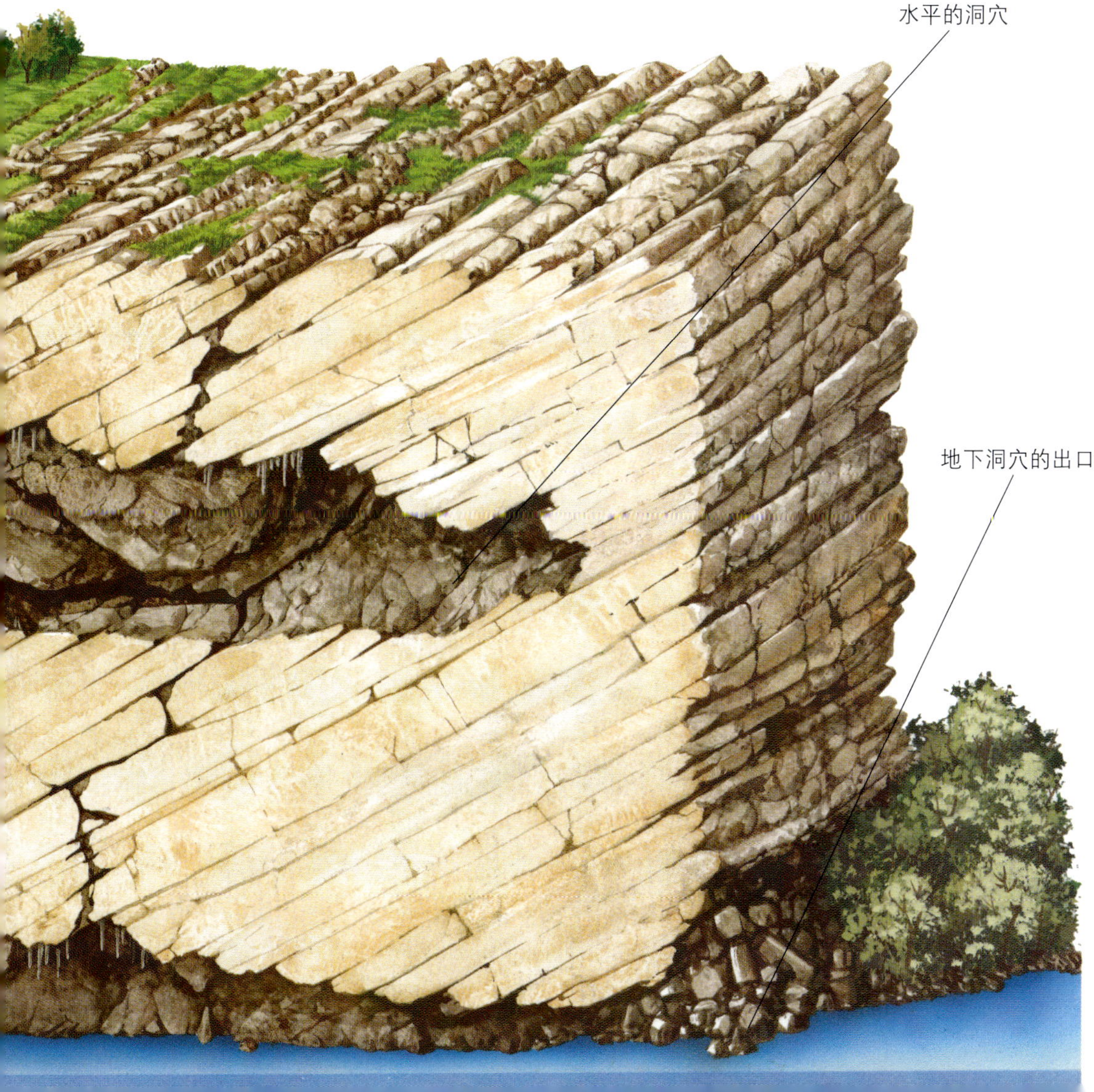

水平的洞穴

地下洞穴的出口

幽深的洞穴 Cavernous caves

▶ 熔岩形成的洞穴非常大，以至于人们能直立着通过。

难以置信！

最长的钟乳石有59米，最高的石笋高达32米。

55 石灰岩洞中的水滴使岩石呈尖柱状。水从洞顶滴落时留下一小条沉积物，形成一小根钉状岩石，这叫做钟乳石，自洞顶向下生长。洞穴地面上有水滴溅落的地方会有微小的沉积物不断聚集，形成向上生长的尖柱，这就是石笋。随着时间的流逝，钟乳石和石笋连接到一起形成岩柱。

56 落在石灰岩上的雨水成为地下洞穴的制造者。雨水能够与二氧化碳混合形成一种酸，这种酸的强度足以侵蚀石灰岩使其溶解。雨水在地下不断作用形成洞穴，继而出现地下河与地下湖。

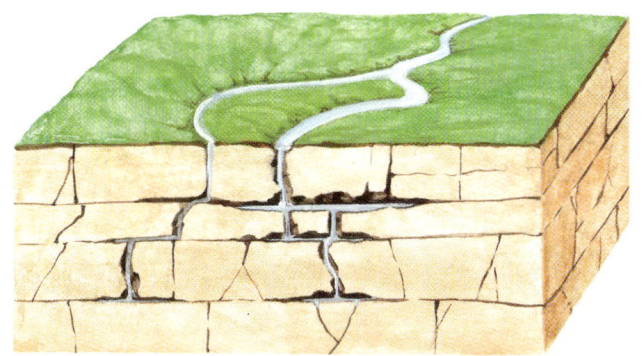

◀ 水流过石灰岩中的洞穴，形成水潭和地下河，在多雨的季节可能还会充满整个洞穴。

1. 水渗过岩石中的缝隙

2. 地下河冲刷岩石

3. 大规模的洞穴系统形成

地球宝藏 The Earth's treasure

57 黄金可能在岩石中以小金粒、大金块或者矿脉的形式存在。岩石磨损之后，金粒就有可能出现在河床的沙石中。岩石中的银是一条条分岔的银线，它不像珠宝那样闪闪发光，而是裹着一层黑色的暗锈。

58 大多数金属都出自矿石。矿石由不同物质混合而成，金属便是其中之一。每种金属都有专属的矿石。举个例子来说，铝存在于一种叫做铝土矿的黄色矿石中。矿石中的金属经过高温加热被提炼出来。从手表到大型喷气式客机，我们用金属制造出了各种不同的东西。

▼ 我们可以熔化这样的金块，然后进行浇铸，制成许多饰物。

◄ 很多首饰和装饰品都是用银制成的。

59 美丽的水晶逐渐在熔岩气泡中形成。熔岩中的气体形成气泡，气泡在熔岩冷却成固体的过程中在其中形成气球形的空间，这叫做晶洞。液体渗入晶洞，然后形成大块的水晶。紫水晶就是这样形成的。

▲ 这是蕴含铝的铝土矿。为了从矿石中提炼出铝，通常要利用高温加热、化学制剂和电能。从厨房里的铝箔到飞机，人类制造的许多物品中都要用到铝。

▲ 晶体在晶洞内部的空间里向四周生长，形成美丽的形状，比如这块紫水晶。

▶ 世界上有上百种不同的宝石，有些宝石与月份有关联，被称为"诞生石"。比如9月的诞生石是蓝宝石。

◀ 绿柱石

◀ 祖母绿

▼ 钻石

▼ 黄玉

◀ 石榴石

60 宝石是经过切割、磨光后变得闪耀的彩色石头。数千年来，宝石一直是人们制作首饰的重要材料之一。像黄玉、祖母绿和石榴石这样的宝石形成于炽热的岩石之中，这些炽热的岩石上升到地壳逐渐冷却。被发现的大多数宝石都是很小的晶体，但是有一种叫做绿柱石的宝石其晶体却很大——目前发现的最大的长18米。钻石也是一种宝石，它是地球上所发现的最硬的天然物质。

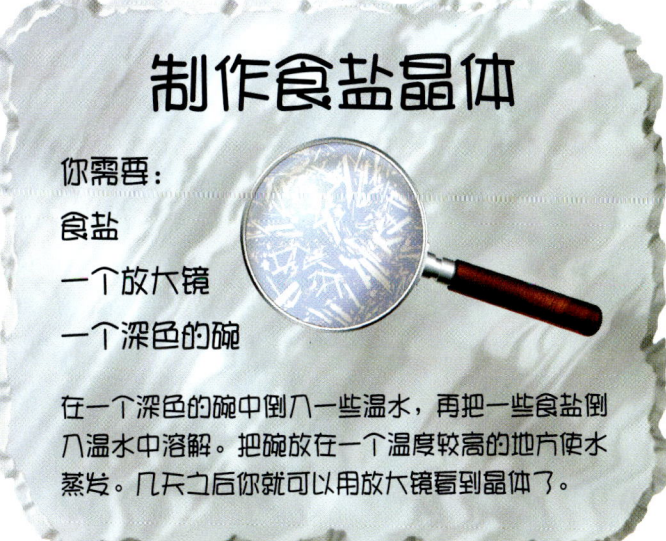

制作食盐晶体

你需要：

食盐

一个放大镜

一个深色的碗

在一个深色的碗中倒入一些温水，再把一些食盐倒入温水中溶解。把碗放在一个温度较高的地方使水蒸发。几天之后你就可以用放大镜看到晶体了。

天有风云 Wild weather

外逸层

热层

中间层

平流层

对流层

▲ 从地球表面进入太空的过程中要穿过5层大气。

61 被称作大气层的气体层包裹着地球。最底层是对流层，天气现象就在这一层发生。对流层的上面是平流层，飞机在这一层航行，以避开恶劣的天气。位于中间的气体层是中间层，热层在它的上方。在你头顶上700千米的高处便是外逸层。

62 云在大洋上方的空中形成。太阳照射水面会蒸发一部分水，这些水蒸气升入空中逐渐冷却形成云，遍布在地球的表面。云在向内陆移动的过程中逐渐冷却，然后产生降雨。雨水落到陆地上，再流入江河返回大海。这个过程就叫做水循环。

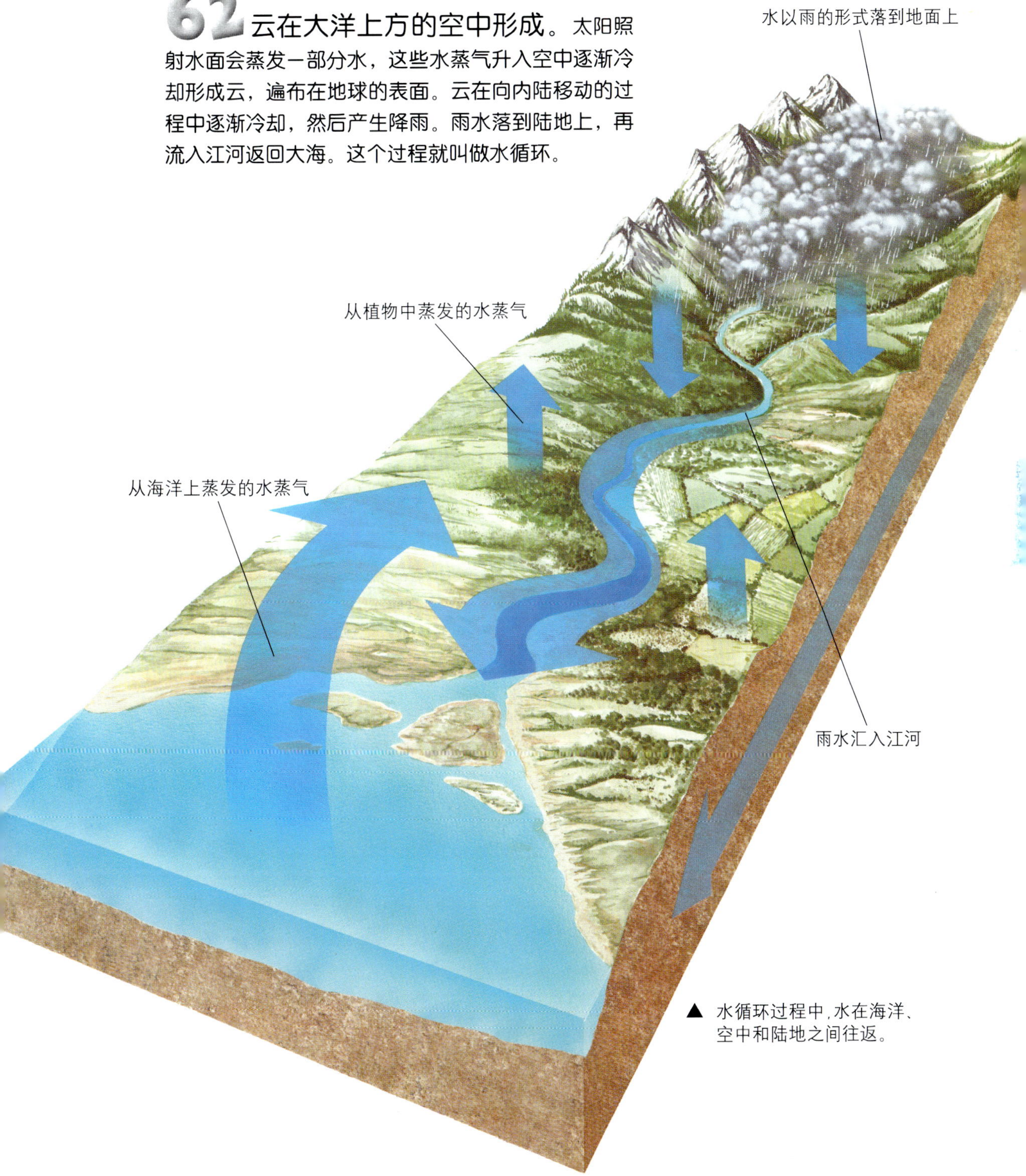

水以雨的形式落到地面上

从植物中蒸发的水蒸气

从海洋上蒸发的水蒸气

雨水汇入江河

▲ 水循环过程中，水在海洋、空中和陆地之间往返。

天有风云 Wild weather

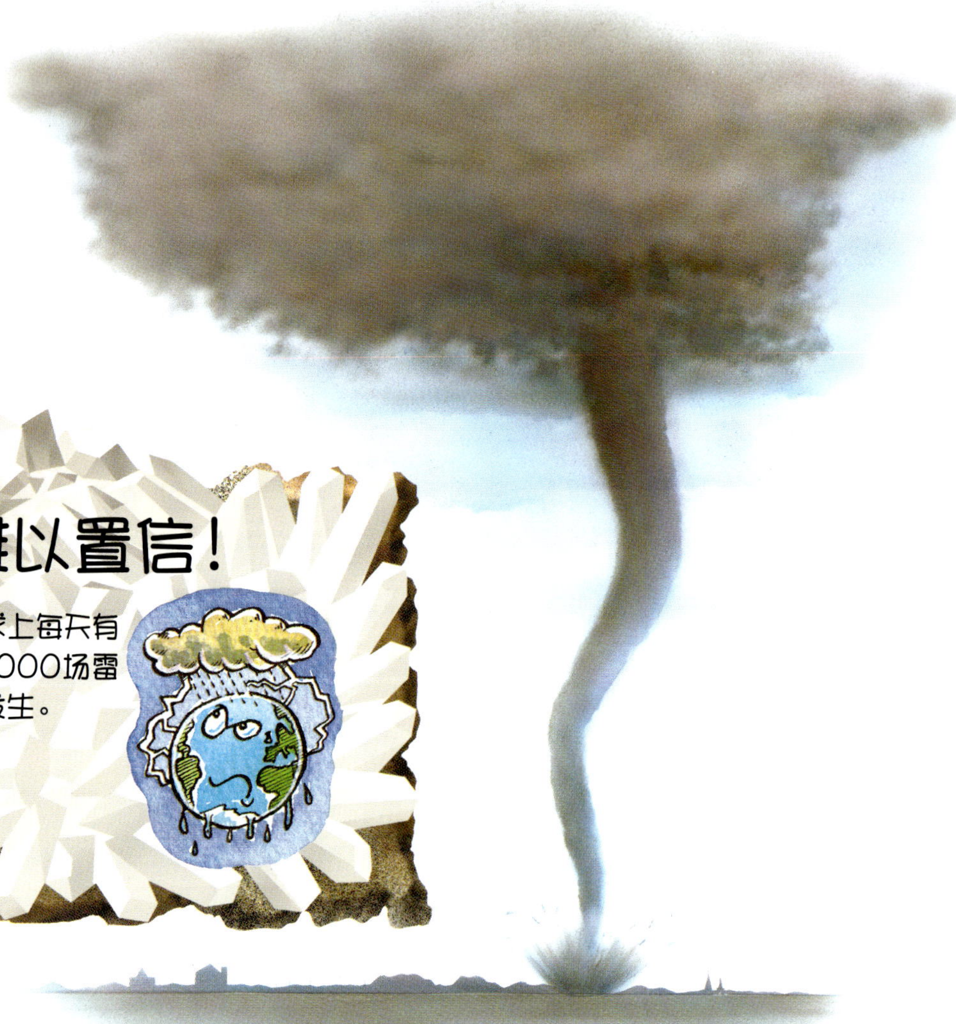

难以置信！

地球上每天有45000场雷暴发生。

63 地球上最快的风是龙卷风，它能以500千米的时速旋转。龙卷风在非常暖和的地域上空形成。快速上升的气流形成一个螺旋风洞，能像真空吸尘器一样发挥威力。龙卷风能破坏建筑物，还能卷起汽车和其他交通工具，再把它们抛向地面。

▲ 飓风形成于温暖海域的上空，不过
它可以向海岸移动，并且登上陆地。

64 飓风是在温暖的海洋上空集成的破坏性风暴。

从海洋蒸发出来的水蒸气形成巨大的云团，当冷空气快速流入云团下面时，云团就会像一架巨大的纺车轮一样旋转起来。飓风的中心——风眼是完全静止的，而周围的强风却能以300千米的时速旋转。倘若飓风登陆，它能把建筑物吹成碎片。

▲ 每片雪花中的冰晶大
多是六角形的。

65 雪花形成于云团的顶部。

云团的顶部非常冷，使得水冻结成冰晶。当冰晶形成的雪花越来越大的时候，便落到云团的底层。如果云团处于暖空气中，雪花会融化形成雨滴；如果云团处于冷空气中，雪花会直接落到地面上堆积起来。

沙漠和草地　Lands of sand and grass

66 沙漠是地球上最干旱的地方。

许多沙漠每年下雨的时期都很短，有些沙漠甚至常年不下雨。这幅地图显示出了世界上主要的沙漠所在地。

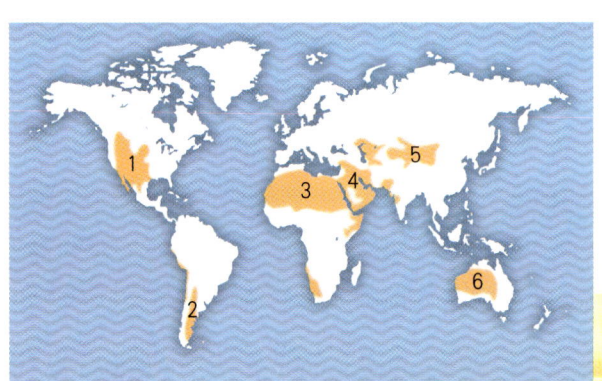

◀ 1. 北美沙漠——大盆地沙漠和莫哈韦沙漠
2. 阿塔卡马沙漠
3. 撒哈拉沙漠
4. 阿拉伯沙漠
5. 戈壁沙漠
6. 澳大利亚沙漠——大沙地沙漠、吉布森沙漠、维多利亚大沙漠、辛普森沙漠

新月形沙丘

沙漠下面的岩石

67 风吹过沙漠形成沙丘。如果沙漠地表上的沙量很少，风会把沙子吹成新月形状的沙丘，这叫做新月形沙丘。如果沙量很大就会形成又长又直的沙丘，这叫做横向沙丘。如果风从双向吹过，就会形成起伏的沙丘，这叫做蛇形沙丘。

68 绿洲就是沙漠中的一汪水塘。它是由雨水形成的。雨水渗入沙地，在岩石中聚集，然后透过岩石流到沙子比较薄的地方形成水塘。水塘的周围生长着树木和其他植物，动物们到水塘里饮水。

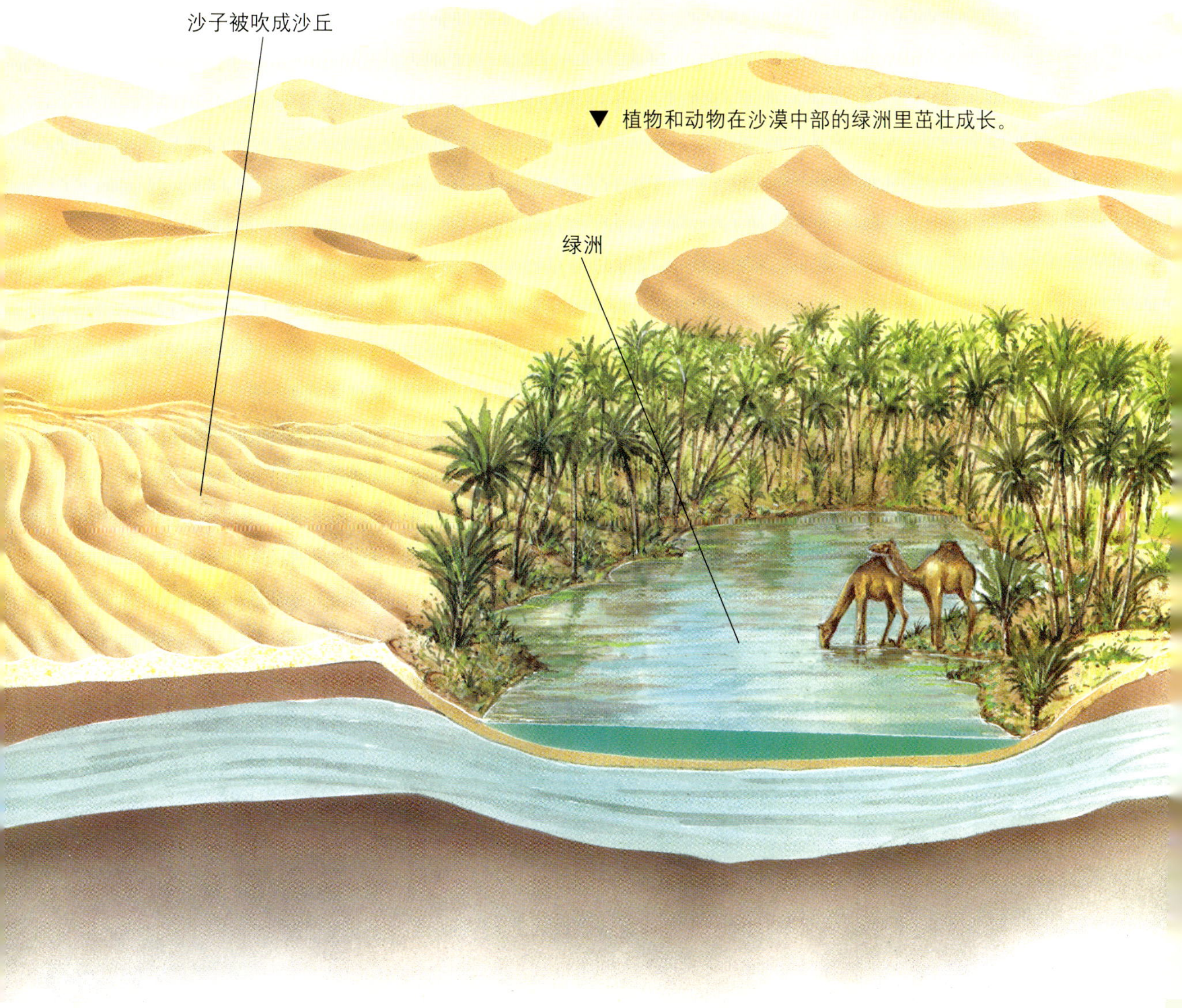

沙子被吹成沙丘

▼ 植物和动物在沙漠中部的绿洲里茁壮成长。

绿洲

沙漠和草地  Lands of sand and grass

69 沙漠仙人掌的茎中储存着水。为了在旱季依然能生存下去，仙人掌茎上的沟槽里蓄满了水。茎上的尖刺能防止仙人掌被想要解渴的动物咬穿。

70 草地出现在降水丰富的沙漠地带和降水不足的森林地带。位于赤道附近的热带草地终年都很炎热，而远离赤道的草地有温暖的夏季和凉爽的冬季。

难以置信！

骆驼宽阔的脚掌能防止它陷入沙子。

71 沙漠并不总是炎热的。沙漠白天的气温能有50℃，而夜晚则迅速下降。靠近赤道的沙漠全年的温度都很高，但一些远离赤道的沙漠在冬季非常寒冷。

72 **大量的动物生活在草地。** 在非洲，斑马啃食草顶端的茎杆，角马吃中间的叶子，瞪羚则以新苗为食，这样的方式得以让所有的动物一起进食。而狮子这样的捕食者则捕食食草动物。

▶ 通过食用不同高度的植物，三种动物得以在一起生活。斑马（1）吃高茎草，角马（2）吃中间的叶子，瞪羚（3）吃最低的嫩芽。

1

2

3

奇妙的森林 Fantastic forests

73 世界上主要有三种森林。 分别是针叶林、温带林和热带雨林。右边的这幅地图显示了全球主要的森林分布地区。

▼ 这幅地图显示了全球主要的森林分布地区:
1. 针叶林　　2. 温带林　　3. 热带雨林

74 由针叶树构成的针叶林分布在北半球。针叶树长着绿色的针状长叶子,上面还裹着一层蜡。这些树木终年生满枝叶。针叶上的蜡在冬季有助于雪滑落,以便阳光能够照射到叶子上,让叶子保持鲜活。针叶树的种子在球果里,这些种子是松鼠的食物。

75 热带雨林里密集地生长着许多大树。这些树木宽阔的叶子四季常青，枝叶相互交织在森林的上方搭成一个天篷似的树阴。雨林几乎每天都会下雨，非常茂密的植物使得雨水要花费10分钟才能落到地面上。已知的所有动物和植物中有四分之三都生活在雨林中，其中包括毛茸茸的大蜘蛛、颜色鲜亮的蛙类和长有斑点的丛林猫科动物。

76 温带林中的大部分树木都长有宽阔、扁平的叶子，需要大量的水维持生命。这些树木在冬季无法从冰冻的土地中获取充足的水分，因而它们的叶子要脱落，等到春季再长出新的叶片。鹿、兔子、狐狸和老鼠生活在林间的地面上，而松鼠、啄木鸟和猫头鹰则生活在树上。

考考你

1. 什么在云团的顶部形成？
2. 新月形沙丘是什么形状的？
3. 在哪种森林里能找到颜色鲜亮的蛙类？

答案：
1. 雷雨云
2. 新月形
3. 热带雨林

河流与湖泊 Rivers and lakes

77 一条大河可能源于一眼泉水。从天而降的雨水浸入地面，透过土壤和岩石，直到从山的一侧涌出，这便是泉。溪流就是自泉中流出的细流，许多溪流汇集到一起便形成河。

78 在流向大海的过程中，河流会不断改变。河流的上游源头在小山冈或高山上，那里河道狭窄，水流的速度很快。当河流经过较为平坦的地面时逐渐变宽，流速也减慢，形成一个个叫做河曲的回路，这些河曲有可能会分离出来形成牛轭湖。河口就是河流汇入大海的地方，可能是一处宽阔的河道，也可能是几块由泥沙堆积形成的水中陆地，后者叫做三角洲。

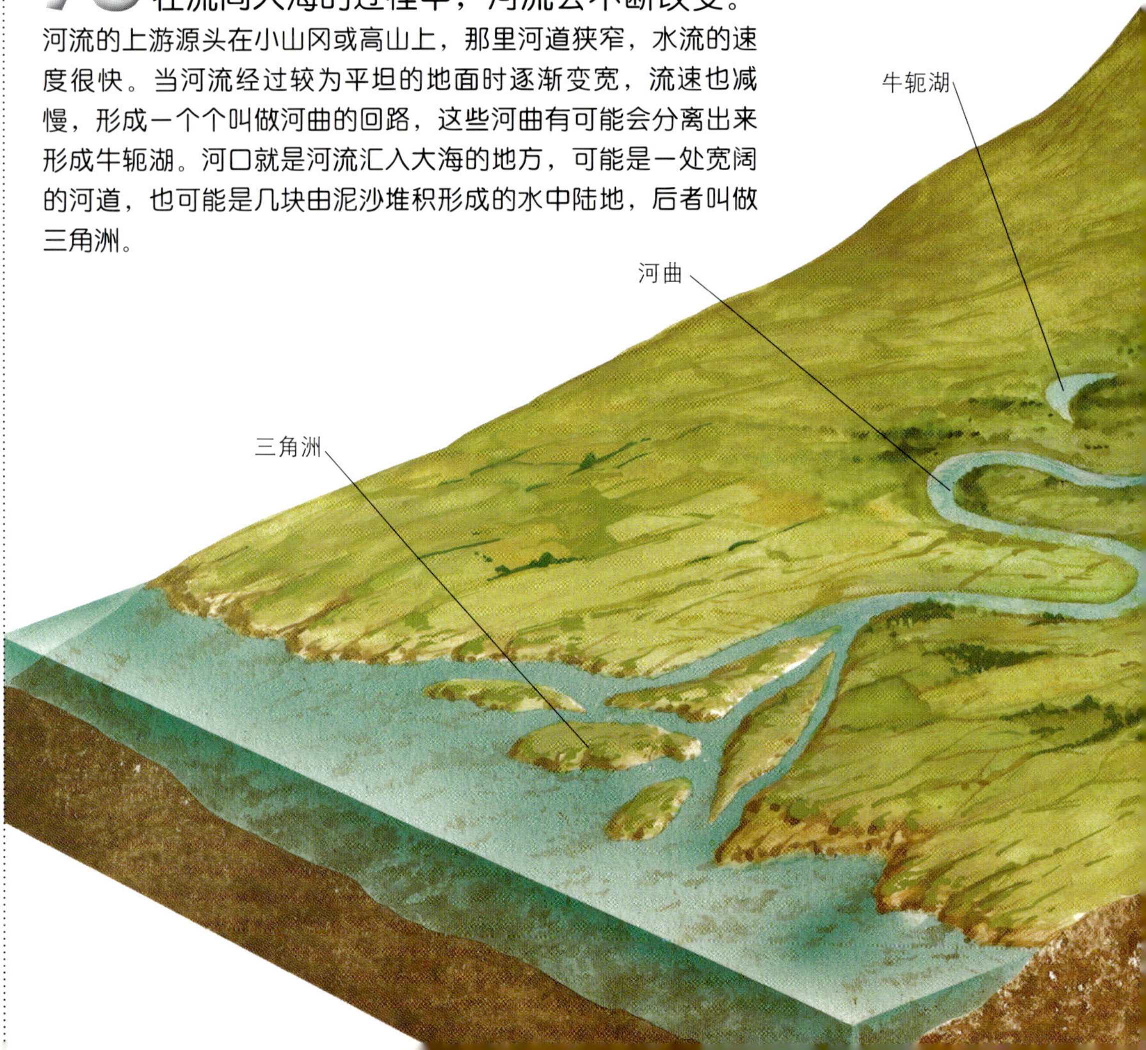

牛轭湖

河曲

三角洲

▼ 在山的高处，溪流汇集到一起形成河流的源头。河流由此开始，流淌过高山，缓缓流过平原，最后汇入大海。

上游源头

河流与湖泊 Rivers and lakes

79 瀑布是水磨损岩石形成的。
当水从坚硬的岩层流到软一些的岩层上时会侵蚀较软的岩石。水中携带的岩石和卵石不断地把较软的岩石削磨出崖面，又在瀑布的下面形成一个叫做跌水潭的深潭。

◀ 有的瀑布只有几厘米高，而有的则伴着巨大的水花从悬崖上一冲而下。安赫尔瀑布位于委内瑞拉，是世界上最高的瀑布，其中一处令人惊异的落差有807米。

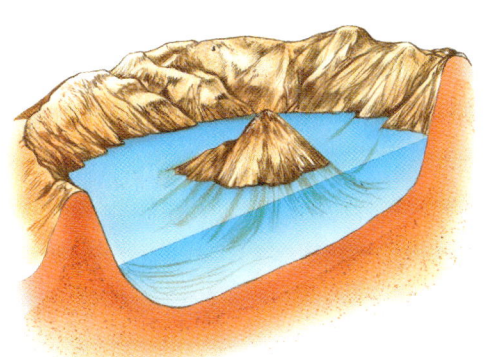

▲ 火山有时在火山口内的湖泊中形成。

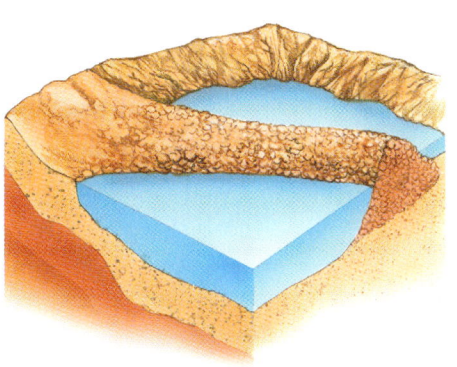

▲ 滑坡落入河流，将水流拦截形成湖泊。

80 湖泊也能在火山口里形成。 少数几个火山口湖是很久以前流星撞击地球时遗留下来的。

81 湖泊形成于地面上的凹地。 这些凹地可能是冰川融化留下的或是地壳板块裂开时形成的。有些湖泊是滑坡堵截住河流形成的。

82 有些湖泊拥有鲜亮的颜色。 湖水有颜色是由湖水中叫做水藻的微小生物或者溶解在水中的矿物质造成的。

▼ 湖泊大多是蓝色的，但也有绿色的、粉色的、红色的，甚至还有白色的。智利的可罗拉朵湖呈红色，这是由生活在湖中的微小生物造成的。

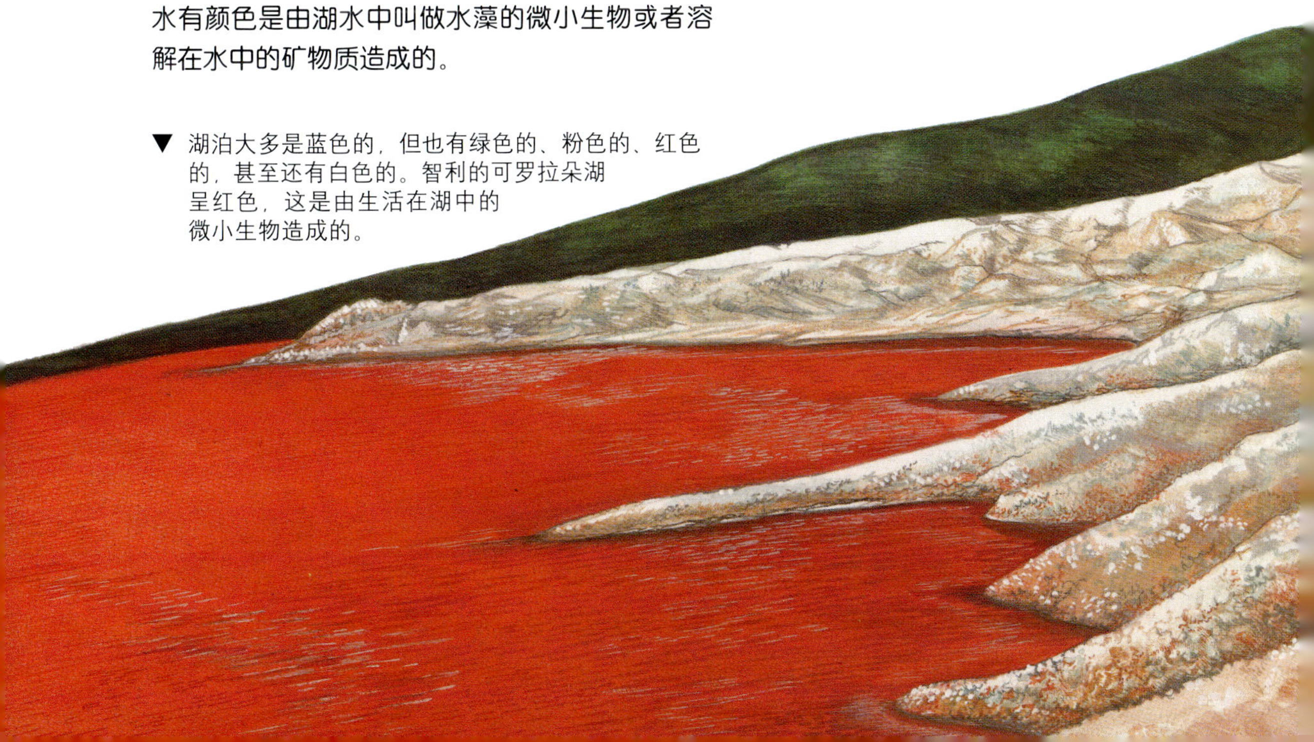

水世界 Water world

83 我们的地球拥有如此丰富的水资源，以至于它应该被称为"水球"而不是"地球"。地球只有三分之一是陆地，而其余的部分都被叫做大洋的广阔水域覆盖着。海只是大洋中的一小部分水域。举个例子来说，北海是大西洋的一部分，马来半岛的海是太平洋的一部分。

大陆架　　　　大陆坡　　　平原

84 大洋非常深，掩藏着水下的山脉。靠近岸边的海水很浅，但是离开岸边进入大洋，海水能深达8千米。海底是平坦的，有凸起的山脉横跨在上面，那是两个地壳板块相遇的标记。深深的海沟位于靠近海岸的地方，那是两个板块的边缘相互分离的地方。海山是由死火山形成的。

▼ 海底的平原和山脉与陆地上的一样。海底还有长长的海岭，它们能形成新的海床。

海洋地壳　　　海底火山　　　　海岭　　　　深海沟

PLANET EARTH

水世界 Water world

北冰洋

大西洋

太平洋

太平洋

大西洋

印度洋

▶ 这幅地图显示了世界上主要的大洋。

85 **海岸总在变化。** 海洋与陆地相交的地方叫做海岸。在许多地方，海浪猛烈冲击陆地使其破裂，在悬崖上击打出洞穴和洞门。最终，洞门断开，留下一个个叫做海蚀柱的岩石柱。

▼ 海岸上的岩石由于海浪的作用而破裂。

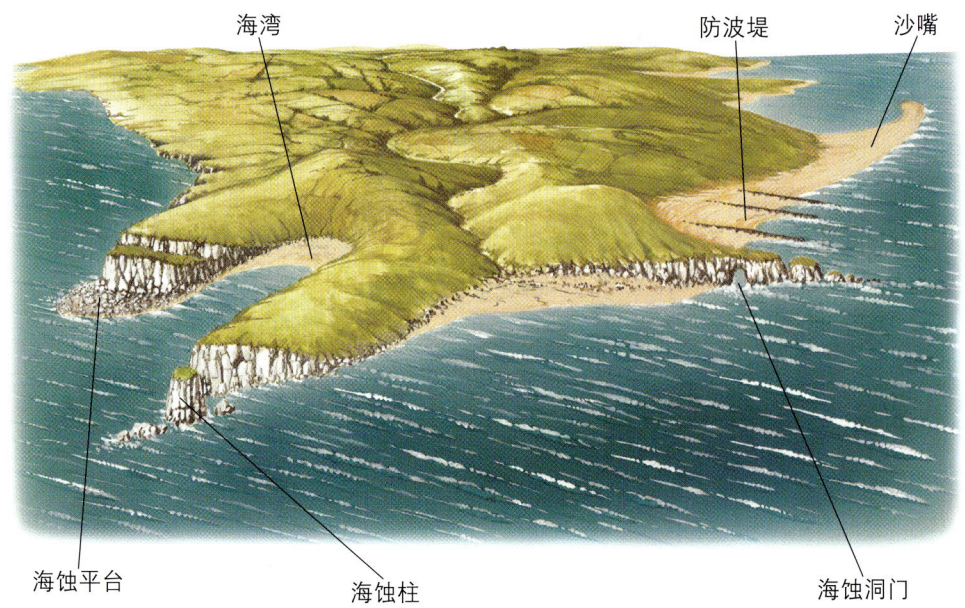

海湾

防波堤

沙嘴

海蚀平台

海蚀柱

海蚀洞门

◀ 珊瑚只在热带或亚热带的水域生长，它们喜欢阳光充足的浅水水域。

86 海洋中的微小生物能形成岛屿。

珊瑚虫的身体像胶冻一样，数百万的珊瑚虫生活在一起。它们坚硬的居所是用海水中的矿物质筑造的，能保护它们不会成为鱼类的食物。珊瑚在太平洋和印度洋的死火山周围不断累积形成岛屿。

87 数千座冰山漂浮在大洋里。

它们是由北极和南极的冰川及冰盖形成的。我们看到的在水面之上的只是整个冰山的十分之一。其余的部分都位于水下，易使行驶过近的船只沉没。

▶ 冰山处于水下的部分十分巨大，体积远远超过我们看到的部分。

生机勃勃的地球 The planet of life

88 地球上的生命多种多样。

迄今为止，人们还没有发现其他的星球上有生命存在。生物能够在地球上生存是因为地球很温暖，有丰富的水资源，空气中含有氧气。如果其他星球也具备这些条件，那么或许我们也能在那些星球上发现生命。

► 作为海洋中最大的鱼类，强大的鲸鲨却以外形像虾的微小动物和浮游生物为食。

72

89 地球上的许多生物都很微小。因为实在是太小了，我们几乎看不到它们。鲸鲨是地球上最大的鱼类，然而它们却以外形像虾的微小生物为食。这些微小生物吃的是更小的浮游生物，浮游生物是类似植物的生物，它们用阳光和海水合成生长所需的营养物质。细菌非常小，需要利用显微镜才可以看到，你能在土壤里找到它们，甚至我们的皮肤上也有。

90 动物的生存离不开植物。植物利用阳光、水、空气和土壤中的矿物质合成生长所需的营养物质。动物不能自己合成营养物质，因而许多动物都是以植物为食，而其他的动物则捕食草食性动物。如果植物在地球上消失，那所有的动物也将无法生存。

▼ 这只毛虫在变成蝴蝶之前要吃大量的植物。

PLANET EARTH
生机勃勃的地球

The planet of life

91 天空中也满是动物。天气温暖的时候，集结成一团一团的蚊子和各种会叮人的小虫在接近地面的空中飞来飞去。在春季和秋季，成群的鸟儿飞到世界各地安家。夏季的晚上，蝙蝠捕食在空中飞行的蚊子。

92 许多小动物把家安在地面上。老鼠在草地里四处乱窜。鹿这些相对大一些的动物躲藏在灌木丛中。大象是最大的陆地动物，它们不需要躲起来，因为没有什么动物敢袭击它们。

93 有些动物生活在地下。蚯蚓是一种常见的生活在土壤里的动物，它们把腐烂的植物拖进土里，以这些植物为食。鼹鼠在地下挖掘隧道，蚯蚓就是它们的食物之一。

难以置信！

鼹鼠的鼻子长得像星星，末端生有触须，它们就是利用这些触须寻找食物的。

关爱地球

Caring for the planet

94 地球上有许多有用的原材料。我们可以利用这些原材料制造出衣服、家具、建筑物还有罐头容器。有些原材料的使用寿命很长，比如用来建造建筑物的。而像生产罐头容器的这些原材料是不能再重复利用的。

95 有些原材料在将来会被用尽。金属蕴含在矿石里，当我们耗尽了地球上的所有矿石之后，将无法制造出新的金属。因为总会有新的植物生长出来，所以木头可能是一种不会被用光的原材料。但是树木的生长速度可能无法跟上我们的需求，所以我们仍需要有节制地使用木材。

96 通过循环利用来增加材料的使用寿命。在过去，使用过的金属、玻璃和塑料只能被丢弃，掩埋在垃圾堆里，就此无人问津。但是现在，越来越多的人开始将材料回收利用，也就是把它们送回工厂再度使用。

97 我们用大量的燃料制造能量。煤和石油是主要的燃料，发电厂发电、汽车的汽油都要用到它们。然而这些燃料迟早有一天要被用光。科学家们正在尝试开发其他能源，比如风能和海浪能。利用风力发电的巨大风车已经投入使用。

1. 旧瓶子从玻璃瓶回收站里收集起来

2. 玻璃和塑料被回收制造成新的原料

3. 这些原料可以被再利用制造成新的瓶子

◄ 回收中心把废弃物收集起来，这些废弃物被转换成有用的原材料，用来制造我们经常使用的物品。

工厂排出的化学物质会导致酸雨。这些工厂还把污水排放到河流和大海中

砍伐树木会破坏森林，危及野生生物

垃圾被倒入河流

大气中充满了交通工具排出的废气

▲ 我们正在用这里讲述的行为给我们的地球造成伤害。在今后的日子里，我们必须想出更好的办法来改变现状，善待我们的地球。

98 我们的行为会污染空气和水。燃烧煤和石油会产生烟，这些烟使雨水呈酸性。酸雨造成树木死亡，还破坏土壤。工业生产能产生化学物质，这些物质通常被排入河流和大海，给野生生物的生存造成威胁。

99 生物可以得到保护。许多地区已经成为了国家公园，野生动植物在那里得到保护，人们也可以研究这些动植物。

100 地球差不多已经存在了50亿年。它从一个熔岩形成的行星逐渐变成一个有生命、会呼吸的星球。我们必须努力保护它。随手关灯，不乱扔废弃物，这些都是我们力所能及的事情。

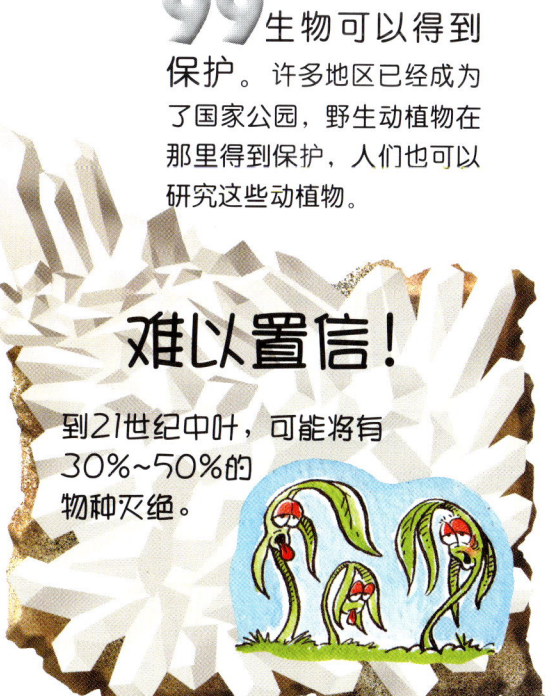

难以置信！

到21世纪中叶，可能将有30%~50%的物种灭绝。

图书在版编目（CIP）数据

你一定要知道的100个地球奥秘 /（英）莱利（Riley,P.）编著；
张茹译.—北京：中央编译出版社，2009.6
（你一定要知道的100个奥秘）
ISBN 978-7-80211-970-3

Ⅰ.你… Ⅱ.①莱…②张… Ⅲ.地球—少年读物
Ⅳ.P18-49

中国版本图书馆CIP数据核字（2009）第083232号

100 THINGS YOU SHOULD KNOW ABOUT: PLANET EARTH

Text by Peter Riley
Copyright © Miles Kelly Publishing 2004
First published in 2004 by Miles Kelly Publishing Ltd,
Bardfield Centre, Great Bardfield, Essex, CM7 4SL
All rights reserved.

本书中文简体版由Miles Kelly出版公司【英】授权中央编译出版社独家出版，未经出版者许可，不
得以任何方式抄袭、复制或摘录本书中的任何内容

你一定要知道的100个地球奥秘

编著	彼得·莱利
顾问	克莱夫·卡彭特
翻译	张 茹
责任编辑	吴颖丽
项目编辑	杨 娜 张 盈
项目策划	禹田文化
出版人	和 龑
出版	中央编译出版社
地址	北京西单西斜街36号
邮编	100032
编辑部	(010)66509360　66509365
发行电话	(本市)(010)66509364　66509618
	(外埠)(010)88356825　88356856
网址	http://www.cctpbook.com
印刷	廊坊市兰新雅彩印有限公司
经销	各地新华书店
版次	2009年6月第1版　第1次印刷
开本	787×1092　1/16
印张	5
字数	30千字
定价	13.80元

本社常年法律顾问：北京建元律师事务所首席顾问律师　鲁哈达
凡有印装质量问题，本社负责调换。电话：010-66509618